変われ！東京

自由で、ゆるくて、閉じない都市

go

mi

a pilot of wisdom

目次

はじめに　隈 研吾 —— 9

第一章　なぜ東京は世界中心都市のチャンスを逃したか —— 19
「超高層の自社ビル」時代の終焉
「イチロー的」な建築とは？
一発屋かサラリーマンか、という悲惨な二極化
スタバから棺桶まで——建築とコラボレーション
新しい中心都市には新しいクリエイター階級が集まる
東京が素通りされた三つの理由
都市を破壊した「マンション文化」と「相続税」
「小さな東京」に未来がある

第二章　シェア矢来町——私有というワナ —— 57
現代の駒場寮みたいなところを作りたい

シェアハウスの原点は、八〇年代の住宅革命運動
三十年前のプロジェクトの挫折、そして……
私有というワナにはまってしまった
「川沿いの準工業地域」の面白さを発見する
シェアハウスを都心の高齢者施設に

第三章 神楽坂「TRAILER」——流動する建築——

長持ちすることが善である、という錯覚
ビルの谷間に出現したトレイラーハウスのビストロ
さまよえる建築の原体験は、大学院時代のアフリカ調査
丹下健三への憧れと失望
恩師・原広司から教わったこと
アフリカの集落はインターネット的な分散型だった
人生の目標は、テントの気楽さを作ること

第四章　吉祥寺「てっちゃん」――木造バラックの魅惑―― 113
「歌舞伎座」「東京中央郵便局」「てっちゃん」は等価である
椅子に、壁に、天井にからみつく「モジャモジャ」
東京における「木造」の価値を再確認した
被災地に作った、木造長屋の商店街
安っぽさをハードでどう美しくするか、それが建築家の力量だ
コスト意識がない建築家は社会から排除される
第五章　池袋――「ちょっとダサい」が最先端―― 147
渋谷の「垂直都市化」は世界標準をはるかに超える
タカラヅカが池袋にやって来た！
タワー型（垂直）の渋谷、スクエア型（水平）の池袋
木賃アパートとタワマンの〝マリアージュ〟
ピンチはチャンス――「消滅可能性」ショックからの反転攻勢

「南池袋公園」のリノベーション
都電荒川線が池袋のアイデンティティを形成している
団地には、マンションが失ったものがある
団地に息づく「ビレッジ」のＤＮＡ
都市再生には「文化」が必要だ

終章　ずっと東京が好きだった

東京から放逐された九〇年代
ゼロ年代の都市再開発はテーマパークの手法を引きずっていた
景観復活のきっかけは、東京駅舎の復原と丸の内の再開発
震災以降、ＪＲ東日本のスタンスが変わった
「地元」を持っている会社は強い
ユーミンには八王子と東北があったから、六本木を発見できた
自分がクライアントになっちゃえばいい

コルビュジエの建築みたいなケーキ
超高層タワーがないまちに新しいワーク＝ライフが生まれる
コロナ禍は、東京が大人になる節目

おわりに　**清野由美**　248

参考文献　253

文中写真、クレジットのないものは清野由美撮影

はじめに

隈 研吾

うまくいっている時、人はなかなか学ばないものである。人は惰性に流されやすい怠惰な生き物で、自分を変えるのは苦手である。本当にひどい目にあった時、大きな犠牲を払って、人ははじめて変わることができる。僕自身を振り返ってみても、ひどい目にあって、人生がいったん弾《はじ》けて、どん底になった時に、はじめて変わることができた。

都市も同じだと思う。うまくいっている時、うまくいっていると思い込んでいる時、都市はなかなか変わることができない。その意味では、都市の方が人間よりもっと変わりにくいものかもしれない。都市は図体が大きいし、ちょっと変えるだけで、巨額な金がかかる。法律や所有関係などでも、がちがちに縛られているから、都市が変わるというのは想像以上に大変なことである。

しかし長い歴史上には、都市も変わらざるをえないことが何回かあった。いつかというと、人間が変わる時と同じで、都市がひどい目にあった時である。

たとえばシカゴでは一八七一年の大火で、市街地にある煉瓦《れんが》と木の建築の大半が燃えてしまった。そのような大変な犠牲を払った後、コンクリートと鉄の街を作ろうということになり、そこから「シカゴ派」という鉄骨造りを中心とした新しい建築のムーブメントが起こって、二〇世紀アメリカの都市の原型ができあがった。

「ひどい目」の中でも、とりわけ都市に与えた影響が大きかったのが、一四世紀のペストの流行である。ヨーロッパでは、ペストが中世の時代に終止符を打ち、その後にルネサンスが到来した。

ルネサンスはよく「文化の復興」と訳されるが、その作用は都市においても同様であった。中世の都市は一言でいえばゴチャゴチャとしていた。ストリートは狭く、不衛生で、ゆえにペストの温床となった。ルネサンスの都市計画は、整然としたストリートを指向し——実際にはほとんど実現しなかったが——都市の単位となる建築も、整然としたものが目指された。ペストから人々を救えなかったキリスト教会に対する信頼低下も、ここで一役買った。神に頼ってばかりいないで、自分の頭で考えよう、ということになり、数学、科学が重要視され、数学によって形態を整理し、寸法を計算されたルネサンスの建築と都市が歴史に登場したわけである。

この、ペストからルネサンスへという流れの行き着いた果てが、二〇世紀であったと僕は考える。整然として閉じたハコを、どんどん建てて、どんどん大きくするという流れだ。超高層が乱立する現代の巨大都市をイメージすれば、流れの最終形を僕らは容易に想像できるだろう。

ここで最も重視された基準は何かというと「効率性」であった。閉じたハコ、すなわち人工的な環境に人を閉じ込めること、閉じ込められることが「効率的」であるとされ、それが「幸福」であるとも定義された。大都市の工場やオフィスビルはハコの典型であり、中でも超高層ビルは、それらのチャンピオンだった。人々は、電車やバスというハコに詰め込まれて、自然を破壊して建てた郊外のハコに帰る。その行動様式が、ポストペスト時代の生活のデフォルトになった。僕はこれを「オオバコモデル」と呼ぶ。実際のところ、「オオバコモデル」は、今や少しも効率的ではなく、ストレスの原因でしかない。

オオバコモデルに至るまでの人類史には、先述したシカゴ大火以前から、リスボン大地震（一七五五年）による都市デザインの転換など、歴史的な事件が起こっていたが、振り返れば、それらはすべてペスト禍から超高層ビルへという大きな流れの中での、小さなエピソードに見えてくる。

そして二〇二〇年の新型コロナウイルスの世界的な感染拡大である。ポストペスト以来の流れによって、世界中を埋め尽くした巨大な都市の人工空間が、いかに脆《もろ》く、いかに生物としての人間の生理に反した不自然なものであるか。ここに来て、コロナウイルスが、その問いを世界につきつけたように僕は感じる。コロナウイルスが来なければ、僕たちはポストペストの慣性のまま、都市に閉じ込められ、効率性の神話を信じ続けていたかもしれない。方向転換もできぬまま、不自由になってしまった自分の姿に気が付くことなく、さらにオオバコを積み重ね続けていたかもしれない。

とりわけ日本は、このオオバコシステムの優等生であった。第二次世界大戦後の日本は、オオバコを作ることで、欧米にキャッチアップしようと走り続けた。その熱情を支えていたのは、それ以前の日本の都市が、オオバコの対極だったからである。

たとえば江戸のまちでは、通りは狭く、ヒューマンスケールで、木造の家は風通しがよく、公私の境はあいまいだった。これはオオバコとは、実に対照的な姿である。江戸のまちは、そのヒューマンスケールを保ちながら、他のいかなる国よりも衛生的であり、環境資源のリサイクルを含めて、効率性の高い都市システムを構築していた。だからこそ、世界のオオバコ化の流れに巻き込まれることなく、日本独自のシステムとして、第二次大戦時までサバイバルできていたのである。

しかし敗戦によって、日本は江戸システムとは訣別《けつべつ》し、オオバコシステムに追いつこうと、政治、経済が一丸となって疾走を開始した。その中心となった担い手こそが、建設産業であった。建設産業は政治を支え、政治は逆に建設産業を支えることで、日本は戦後に効率性至上主義へとなだれを打つ。

オオバコシステムは、オフィス空間のみならず、都市のすべての空間のモデルとなった。教育も同じく、生徒を均質なオオバコに詰め込んで、「平等」に授業を供し、それとは矛盾する競争に駆り立てることが効率的とされた。そこで育った子どもたちは、そのまま企業というオオバコに詰め込まれ、同じように激しく競争させられて、ある年齢に達したり、

「効率」が落ちてきたりすると、オオバコから放り出された。そのシステムが人間に強いる大きなストレスに対しても、効率性の名のもとに、目がつぶられ続けた。

日本国民による「疾走」のユニークな点は、このオオバコシステムが曲がり角に来ても、依然としてみんなが走り続けたことである。二一世紀は、経済の低成長、その前提となる高齢化社会の到来で、オオバコの必要性はそもそも薄れていた。実際、ITテクノロジーの発達によって、オオバコに閉じ込められなくとも、僕たちはすでに十分効率的に、しかも、はるかに気楽で自由に仕事をすることが可能となっている。にもかかわらず、日本人は風通しの悪いオオバコにこだわり続けた。その背景には、建設産業の「サムライ化」があると僕はにらんでいる。

江戸時代以前の戦国時代は、戦後の日本が建設産業を必要としていたように、「武士(おサムライさん)」という武装集団を社会が必要としていた。それら武士の集団は、江戸時代に世の中が静かになった後には、もはや必要がなくなったが、それでも徳川政府は彼らを社会の上位の階層として温存し、奉った。温情社会ならではの、そして、慣性力がやたらに強い日本ならではの、やさしく生温《なまぬる》い決断である。

それと同じことが、昭和から平成にかけて起こった。

都市にオオバコを早急に整備しなければならなかった昭和の時代には、建設産業が国を支え、社会全体が建設産業を必要とした。戦国時代にマッチョな武士集団が必要とされたように、コンクリートと鉄で、大きくて密閉されたものを作るだけのマッチョ集団を、社会システムが必要としたのである。

しかし、現在はどうであろうか。平成以降、昭和とはうって変わった低成長、少子化と高齢化が、社会の大きな問題となっている。そんな時代にマッチョな建設産業は、江戸期の武士集団と同じく、もはや無用の長物と化した。それでも幕府＝政府は、建設産業の集団主義、統制主義が、選挙の強力な集票装置になりえることを知っているから、建設産業を可能な限り保護し、優遇し続けた。

これはきわめて日本的な現象でもあった。オオバコ化は近代における世界的な歴史現象ではあったが、金融やＩＴのような「軽い」産業の方が儲《もう》かると気付いた諸国は、いち早くそこから卒業している。しかし、日本は前世紀的な建設産業を担っていた社会集団＝武士を温存して、オオバコ化からの卒業が遅れた。だから日本の都市はいまだ、固く、重く、閉じたままなのである。

コロナの後の都市のテーマは「衛生」ではなく「自由」である。人がハコに閉じ込められて、同じ時間に通勤、通学させられるのではなく、好きな時に、好きな場所で仕事をし、眠り、移動をする。現代のテクノロジーは、すでにその自由を僕らに与えている。しかし、都市が、そして建築が、その邪魔をしている。

僕も含めて建築設計者もまた、長い間、武士であった。時代から取り残され、必要とされなくなった社会集団は、新しい現実を理解できないままに、自分たちの美学を日本刀のように磨き上げ、内側の倫理観を人に押し付けて、ふんぞり返る。倫理というのは、しばしばそのような目的で使われる。人のお金で、建築を作らせてもらっているくせに、現実の社会から仕事をいただいているくせに、その現実を見下し、自分たちの美学、倫理の方が上等であると勘違いした。

そのことに気付くようになってから、僕は自分で小さな商売を始めることにした。若い仲間とシェアハウスを作り、その屋上に野菜を植えた。木のトレーラーハウスをデザインし、そのトレーラーハウスで実際に移動式の飲食店を経営してみた。小さな工場や田舎の職人と直接つながって、一緒に新しい材料に挑戦し、セルフメイド建築の可能性を追究した。廃品の収集、再生を商売とする人たちと知り合い、廃品を主役にした建築も作り始めた。オオバコの外側にある風通しのいい場所、そこで生きる自由な人たちと仕事をし、暮らすことで、それがいかに自由であるかを知った。

コロナ後の未知の時代を、どう生きるか、その新しい地面の上にどのような都市を作るべきか。自分自身の小さな体験が、何かを教えてくれる。そのための具体的なヒントを、清野由美さんともう一度考え、探した結果が、この本になった。ペストから約七百年。僕たちは歴史の大きな折り返し点に立っている。

第一章　なぜ東京は世界中心都市のチャンスを逃したか

「超高層の自社ビル」時代の終焉《しゅうえん》

清野　「はじめに」を読んで、びっくりしました。これ、誰が書いたんですか、と。

隈　僕ですよ。

清野　不遇で、ナイーブな建築青年の筆じゃないですか。隈さんは「国立競技場[*1]」、JR東日本の新駅「高輪《たかなわ》ゲートウェイ駅[*2]」をはじめ、渋谷駅直結の再開発超高層ビル「渋谷スクランブルスクエア」にも携わり、大都市・東京で一人勝ちのような状況ですが、そんなプロジェクトを手がける「円熟の建築家」とは程遠い感じです。

隈　僕自身がまだまだ円熟とは程遠いガキなんです。

清野　しかし、今や「隈研吾」という記号はすごいですよ。二〇一八年九月にオープンした「ヴィクトリア&アルバートミュージアム　ダンディ[*3]」を筆頭に、内外のプロジェクトにひっぱりだこ。ネットを検索すると「和の大家」なんて出てきます。

隈　僕は建築が存在する場所と、建物の素材に徹底的にこだわっていますが、「和の大家」などではありません。

清野　「和の大家」って、着物を着て、数寄屋《すきや》建築で腕を組んでいるイメージですよね。
隈　困っちゃいますよね。
清野　さて、本書は、『新・都市論TOKYO』（以下、『新・都市論』、二〇〇八年）、『新・ムラ論TOKYO』（以下、『新・ムラ論』、一一年）に続く都市論シリーズの第三弾です。『新・都市論』から十二年、『新・ムラ論』からは九年が経過し、その間に東京を取り巻く状況も、またダイナミックに変化しました。
　二〇〇八年はリーマン・ショックが、一一年は東日本大震災があった年です。前後して世界では金融主導の「強欲資本主義」がはびこるようになり、社会の格差が拡大する一方で、「グーグル」「アマゾン」「フェイスブック」「アップル」のいわゆる「GAFA《ガーファ》」が巨大化して、「監視資本主義」といわれる新しい権力構造も出現しました。
　そして二〇年には「東京オリンピック・パラリンピック」（以下、東京2020）の開催……となるはずでしたが、新型コロナウイルスによる感染拡大（以下、コロナ禍）という歴史的な惨禍に世界中が見舞われることになりました。
隈　結構大変な時代を生きていますよね、僕たちは。

清野　都市の変貌に限っていうと、『新・都市論』の時は、六本木ヒルズ、東京ミッドタウン、汐留《しおどめ》再開発など、東京が超高層都市に変貌する節目でした。グローバル化時代の都市間競争という背景の中で、都心の超高層化は避けて通れない事態でしたが、人々が馴染《なじ》んだ街角がある日、跡形もなく壊されてしまうような超高層再開発に対して、私自身の拒否感は強いものがありました。

それでもジャン・ヌーヴェルが設計した「電通本社ビル」（二〇〇二年）は、当時からきわめて美しい超高層建築だと思いましたし、それは今も変わっていません。ただ時代が変わり、それすらも東京の中のワン・オブ・ゼムになってしまったな、と感じています。

ゼロ年代当時は世間に名だたる会社が、都心に超高層の自社ビルを建てることが、ステータスとブランドバリューの上昇に直結していました。ところが、IT革命がどんどん深化して、そんなことにこだわらない新世代の経営者が世界を席巻している。GAFAのアメリカの本社屋は都心の超高層ビルではありませんし、日本の本社は超高層ビル内にあっても、自社ビルではなくテナントです。

当初はスタートアップ（小規模起業）やフリーランス向けに発達したシェアオフィスは、

今ではオフィスのコスト増を嫌う大手企業も積極的に利用するようになっています。

隈　コロナ禍を経て、「超高層ビルで朝から深夜までバリバリと働くこと」は、ますます時代遅れになっています。だいたい僕の事務所だって、若い連中は「残業なんて悪だ」という意識で入社してきます。

清野　かつては建築設計事務所は、知的だけど、ブラック労働の筆頭でしたよね。

隈　僕の世代の建築家にとって、朝から深夜まで働くことは、当たり前。むしろ、そうやって仕事に没頭することが面白かったし、自分の建築を真剣に探ることだった。でも、今は若い連中のやり方でいいと思い始めています。残業してでも、過労死しそうになってでも、いい建築を作れ！なんていうのは、武士道そのままじゃないですか。都市にも、建築にも、会社にも、いよいよ武士の時代の終焉が来ているんだと思います。「武士よ、さらば」「おサムライさん、サヨナラ」の時代なんですよ。

「イチロー的」な建築とは？

清野　ヘミングウェイの『武器よ、さらば』をもじって「武士よ、さらば」と、隈さんはいうわけですが、ここで確認させていただくと、その「武士」とは「サラリーマン」のメタファーですよね。
隈　集団主義的という意味でイエスです。
清野　隈さんが定義する「サラリーマン」とは、どのようなものなのか、うかがっておきたいのですが。
隈　集団の存続が第一目標で、その目的を忖度《そんたく》して個人の決定を行う人たちです。
清野　なるほど。
隈　いわゆる会社勤めのサラリーマンじゃなくても、日本人の多くはサラリーマン的な行動様式を持っています。僕の業界でいえば、個人でやっている建築家も、行動様式は集団主義的です。建築家という集団が築き上げてきた価値観、美学、行動様式を、決して踏み外そうとはしません。
清野　で、それらの人々が「内側の倫理観を人に押し付けて、ふんぞり返る」（「はじめに」から）。その場面とは、具体的にどんなものなのでしょうか。
隈　いや、実際は、日本のサラリーマンはエラそうじゃなくて、丁寧でやさしい。でも、そういうのが、一番やっかいなんです。

清野　それは分かります。腰を低くして、「先生、先生」といってきながら、肝心な場面では驚くほど融通がきかないし、義も通さないし、親切でもない。

隈　何か個人的なうらみがあるの？

清野　男性社会で仕事をしていると、そういう場面は多いし、私自身も壁に、しょっちゅう突き当たります。ただ、戦後の高度経済成長時代には、そのようなサラリーマンを社会が必要として、それを支える仕組みとして、終身雇用制、年功序列を中心にした男性社会が補強されたわけですよね。

隈　その特色がとりわけ凝縮されたのが、ゼネコンをはじめとする重厚長大産業です。その一環として、建築家という「アーティスト」もお金儲けの輪に入ることができました。

清野　しかし、二一世紀は日本経済に大きな成長はもう見込めない時代。ということは、建築家の役割だって、変わりますよね。

隈　当然、変わります。長い間、建築に関わってきて、僕は建築を単独の作品を作る行為ではなく、「継続する努力」だと考えるようになりました。建物が一つ完成すると、必ず反省があり、次の課題も見えてきます。それを次のチャンスに活《い》かして、そして、また課題と反省。これを延々と繰り返し、ステップを一段ずつ登る。そういう営為を繰り返すことが建築であって、それを飽くことなく続けていくことが僕らの役割なんだ、と思い至っています。

清野　「建築」を「野球」に置き換えると、イチローさんの言葉みたいですね。

隈　ああ、そうかもしれません。朝日新聞の建築担当記者（編集委員）の大西若人《わかと》さんは、僕の建築を「イチロー的」と評しました。スポーツ選手は身体というデリケートなものを、生きるための道具にしていますから、継続の価値に気付いている人が多いですよね。継続してこそ一流で、ホームラン一本を打てば、それでいいってわけでもないですからね。

一発屋かサラリーマンか、という悲惨な二極化

清野　建築というと、コンクリートや木材の塊という物質的なイメージが強いのですが、隈さんは「継続的な努力」といった、非物質として、とらえるようになっている。

隈　ＩＴ革命以降、世の中は「超」がつく情報化時代に突入して、世界が一つの高度なシ

ステムとしてつながるようになりました。ビッグデータやAIなど技術革新のスピードも超絶で、昨日は新しかったデザインや技術が、今日はもう陳腐になってしまう。そんな時代の中で、役割や方法論を固定していては、建築家は生き残っていけない、ということです。イチローだって、自分の身体の老化や相手ピッチャーの変化にきめ細かく対応してきたから、長い間、超一流として活躍することができたんです。

清野　建築家は「アーティスト」や「先生」では、仕事が回っていかないですか。

隈　エラそうな人は全然ダメ。たとえば国立競技場では、「設計・施工一括（デザインビルド）」という枠組みの中で、ゼネコンの大成建設と、大手の梓《あずさ》設計と組んで、僕は参加しています。大御所といわれるような昔の世代の建築家は、これを否定することが多いんですよ。

清野　デザインビルドとは、どんな枠組みなんでしょうか。

隈　簡単に説明すると、ゼネコンが建築物の意匠デザインも含めて、クライアントと一括契約するやり方。つまり、建築家がゼネコンの下で設計にあたる、というタテの関係が生じることになる。この点が、昔の世代のアーティスティックな建築家には耐えられない。

ゼネコンが建築家の上に来るなんてありえない、というのがその世代の意識ですから。

清野　まあ、その気持ちも、分からないでもないですが。

隈　ＩＴ革命によって、世界のコンテクストが劇的に変わってしまったのだから、建築というシステムを、建築家という個人が神のように上からコントロールするなんていうモデルは、もう機能しない。そもそも、そのモデルが生まれたのは一九世紀のヨーロッパだったわけで、さらに遡れば、ルネサンス時代のイタリアの建築家アルベルティが起源だといわれています。そんな古典的なモデルを、ＩＴ時代の現在に通そうとする方に無理があります。現実を認識して、適応していかないと、市民から愛される、現実にフィットした建築は作れません。

清野　新しい時代には、いろいろな設計のやり方がありえるということですね。

隈　僕自身も、デザインビルドだけを採用しているわけではありません。リーダーとして、コストコントロールから設計・監理まで全部を自分のチームで担う場合もあります。プロジェクトの性質、場所に応じた方法を、いつも探し続けているんです。

清野　学生時代にアトリエ系（個性や芸術性を重んじる一派）の建築事務所でアルバイトを

した人から聞いた話です。業界では高名な建築家の事務所でしたが、お金がなくて、先生もスタッフもインスタントラーメンばっかり食べていたそうです。その人は、「建築家って食えないんだ」と驚いて、方向転換したそうです。

隈　食えない。でも、食えないなら、自分でプロデュースして、ちっぽけでもいいから仕事を作ればいいんだけど、アーティスト目線の基本スタンスは、「ぜひ先生に」って仕事を依頼される日をずっと待っていることだから。建築家は高度経済成長期には「先生」として食っていけたけど、成長期が終わってニーズがなくなった時に、自分たちの美学とかを優先してエラそうにしていれば、そりゃ食えないですよ。

清野　少し前まで、当たり前にあったヒエラルキーや価値観が通用しなくなっている。そのつらい事態は、建築家だけでなく、あらゆる職業に共通してあると思います。

隈　武士の世界の建築家はアーティストをロールモデルにしていたので、目立つ「作品」を作って、「お仲間」だけを優遇する排他的な建築雑誌に取り上げられることを、人生の最大目標にしてきました。「作品」として雑誌に載せてもらうには、普通じゃダメで、いろいろ無理をしなくてはならなくなる。そんな一発屋か、あるいは極端にリスクを避けてサラリーマン化した建築家か、どちらかしかいなくなってしまっているのが、現在の日本と東京の悲惨な状況です。

清野　二一世紀を規定する「二極化」がいたるところで起こっている。それでは、都市がさみしくなる一方ですね。

隈　世界を見渡せば、すべての職業のあり方が、前世紀の固定観念とは違ってきています。ですから大変な時代ですよね。といっても、世界は昔からそうやって変化し続けているのだから、僕は全然悲観していませんが。

清野　権威というものの幻想が、どんどん崩れているとはいっても、隈さんだって「先生」の一人。権威の崩壊によって、やりにくい場面も出現しているのではないですか。

隈　ちっともやりにくくないですよ。むしろ僕自身は、自由に考えられるし、こんなふうに好きなことがいえるようになりました。

スタバから棺桶《かんおけ》まで——建築とコラボレーション

清野　ほんの少し前までの東京でいえば、都市の大きな話題が東京2020の開催と、それに先立つインバウンドの爆発的な増加でした。隈さんでいえば、紆余《うよ》曲折を経た国立競技場のやり直しコンペで設計チームの一員となったことで、世間に注目される度合いが格段に高まりました。何よりも前二冊の時点では外部の批評者だった隈さんが、今では完全に当事者になってしまった。この立場の転換は大きいと思います。

隈　そうですね。でも気持ちは全然変わってないけれど。

清野　コロナ禍を経験した後ではいかがでしたか。

隈　そこも、心境や考え方の変化はありませんでした。ハコから出たいという思いが、一層強くなっただけです。

清野　となると今回の都市論の入り口は国立競技場から……と思いきや、私はそれではなくて一九年二月にオープンした「スターバックス　リザーブ®ロースタリー東京」[*4]（目黒区、以下、「スタバロースタリー」）の店舗を挙げたいと思います。スターバックスコーヒーが、シアトルや上海《シャンハイ》などグローバルに展開する新たな戦略店舗ですが、中目黒にできた東京の店は、ある意味、隈さんにとって国立競技場よりも重要な二一世紀の建築じゃないかと思いました。

隈　へえ。どういうところでそう思いました？

清野　スタバロースタリーでは、隈さんが常々おっしゃってきた「コラボレーション（コラボ＝協働）」が、私も含めた一般の人たちにも分かりやすく、楽しく伝わってくるからです。外観のデザインが隈研吾建築都市設計事務所、インテリアがスターバックス社内のデザインチームということで、建築の先生と、お金を出すクライアント、という従来型ではなく、両者が拮抗《きっこう》した力を合わせることで、建築が東京の新しいシーンを切り開く姿を見せている。「協働」という言葉は、二〇世紀の「効率」「利益」に代わる二一世紀のキーワードになっていますが、それが目に見える形で実現していると思うのです。

隈　なるほど。

清野　隈さんのような建築家は、作家の村上春樹さんとも似ていて、たとえば村上さんの『騎士団長殺し』*5（新潮社、二〇一七年）はすばらしい物語、すばらしい言語感覚、すばらしいできあがりの作品で、文句なく面白い。しかし、小説のモチーフは全部、自己模倣――といったら語弊があるかもしれませんが、読者にとっては既視感の中にとどまっていて、それらモチーフの組み合わせが、とてつもなく円熟しているな、という感じです。隈さん

「スターバックス リザーブ®ロースタリー 東京」外観（撮影・Masao Nishikawa）

にしても、世界中で六十以上ものプロジェクトが同時進行しているわけですし、そういう嫌いは否めない。でも、スタバは違っていました。

隈　そう思いましたか。

清野　で、一定の評価を得た芸術家が、一定の様式を持った後は、誰かとコラボしないと、違う地平にポンとは跳べないんだな、ということが実感できたのです。小説ではそういうコラボは難しいかもしれないけれども、建築はそれができるんだ、と。

隈　そもそも建築は、小説より枠がずっと緩いんですよ。だから、確かにコラボしやすいかもしれません。僕はもともとコラボが好きで、特に東日本大震災以降は意図してその枠を広げてきました。家具、ファブリックという建築に近いものから、食器やスニーカーなどのプロダクトデザイン・開発を手がけていると、自動的にそれまでの自分の枠を壊すことができて面白い。今度は棺桶をやりますし。

清野　え？　棺桶？

隈　僕も最初は「え？　棺桶？」となったけど、いい話じゃないですか。自分も入るかもしれないし（笑）。

清野　隈さんは自分のお墓を超モダニズムのデザインで、事務所の隣のお寺に用意されていますし、バブル時代の代表作「M2」[*6]（一九九一年）は、当初の自動車ショールームから、今は葬祭場になって稼働しています。ここに来て棺桶とは、いい流れですね。

隈　僕は老人ホームも手がけているから、人生の時間軸的にもうまくつながるんです。

清野　本当ですね。それにしても、隈さんに棺桶を頼むとは、勇気のあるメーカーですね。

隈　何を思いついたんだろう。

清野　以前に原研哉《けんや》さんの企画した展覧会「RE DESIGN　日常の21世紀」[*7]では、ゴキブリホイホイを手がけていましたよね。

隈　そうそう、あれは商品ではなく、展覧会用のコンセプチュアルな試みでしたが、だったらゴキブリホイホイが面白い、って僕自身が選んだんです。

清野　半透明の粘着性テープを好きな長さで切り、くるっと四角のハコに仕立てて、ゴキブリをおびき寄せる。ポストモダンの先を行くすごいゴキブリホイホイです。

話を戻して、スタバロースタリーは、どういうオファーだったのですか。最初から「内側は我々がやりますから、建物の外側をやってもらいたい」ということだったのですか。

隈　そうです。スタバでは僕は「譜代建築家」なんですよ。一一年に福岡の「スターバックスコーヒー太宰府天満宮表参道店」のデザインを手がけた後に、アメリカのスタバ本社に呼ばれて、そこの設計チームと話をしたんです。チームといってもメンバーがたくさんいる大所帯で、そこで世界中にあるスタバ店舗のデザインコンセプトと設計全般を、彼らが担っています。

清野　そのチームはシアトルの本社内にあるのですか。

隈　本社内にあって、雰囲気としてはクリエイティブな建築事務所みたいな感じ。実際、そこで模型から作っているし、サンプルも散乱していて、うちの設計事務所みたいだな、と親近感が湧きました。店舗の新規開業や改修など、年間三千件をそのチームが担っていると聞きましたが、そのダイナミックなチームワークに触れて、世界中に進出するスタバのエネルギー源が分かる気がしましたね。

清野　さすが世界を席巻するチェーンですね。

隈　中目黒のスタバロースタリーでは、そのデザイン部署を統括するアートディレクターのリズ・ミュラーさんと協働しました。リズさんはオランダ人女性で、以前は南アフリカで設計事務所を開いていたりして、世界中をぐるぐると放浪しているような人。そういう人と一緒に店をデザインするのは、絶対に面白いことになると思いました。

清野　今の話で腑《ふ》に落ちました。スタバロースタリーが隈建築の新しい地平だ、と私が思ったのは、従来の隈さんのデザインとはまた違った女性性を、空間全体から感じるからなのです。今ってポリティカル・コレクトネスで、女性性、男性性というのをあまり強調しちゃいけないといわれているのですが、でも、やはりスタバロースタリーの内装には、細部に女性的な柔らかさ、やさしさを感じます。壁面にカップが埋め込まれていたり、スターバックスが「リザーブ」の店舗で扱う稀少豆《きしょう》の名前を記したカードが、かわいらしく並んでいたり。その柔らかさと、隈建築が持つ硬質な感じがリンクしていて、そこがいいんですね。たとえば、同じ東京で隈さんが内外装のデザイン監修をしたホテル「ONE@Tokyo（ワン@トウキョウ）」（一七年、墨田区）は、全体がやっぱり硬質です。

隈　リズさんはスタバのデザインチーム以外からも人を自由に抜擢《ばってき》していました。四階バルコニーに置いてある家具は、彼女の友人のデンマーク人デザイナーが作ったものですが、そういう枠の壊し方はいいですよね。インハウスのデザインチームは、内側だけで固まっちゃう感じがする時もあるのですが、スタバの仕事は固まらなさが面白かった。

清野　その流動性がインターナショナルということですね。

隈　そう、「グローバル」ではなく「インターナショナル」、というか「ワールドワイド」だよね。「グローバル」は世界をアメリカ化する時のいい換えだけど、「ワールドワイド」は文字通り、いろいろな国の人たちが相互作用し合って、そして壊し合うところがいいじゃないですか。

新しい中心都市には新しいクリエイター階級が集まる

清野　そこで本書の論題をあらためて考えるに、少し大きなところから入っていきたいと思います。テーマは「なぜ、東京は世界中心都市になれなかったのか」です。

隈　それは大きな問題ですね。

清野　補助線の一つに、ジャック・アタリの『21世紀の歴史』[*8]があります。この本では一三世紀にヨーロッパで資本主義が発現した時から、その「世界中心都市」（以下、「中心都市」）の移り変わりについて、歴史を俯瞰《ふかん》しています。それらの「中心都市」を時間軸で挙げると、次になります。

1　**ブルージュ**（ベルギー）　一二〇〇―一三五〇年
2　**ヴェネツィア**（イタリア）　一三五〇―一五〇〇年
3　**アントワープ**（ベルギー）　一五〇〇―一五六〇年
4　**ジェノヴァ**（イタリア）　一五六〇―一六二〇年

5　アムステルダム（オランダ）　一六二〇—一七八八年

6　ロンドン（イギリス）　一七八八—一八九〇年

7　ボストン（アメリカ）　一八九〇—一九二九年

8　ニューヨーク（アメリカ）　一九二九—一九八〇年

9　ロサンゼルス（アメリカ）　一九八〇年—

隈　いずれも名だたる世界都市で、その変遷に異論はありません。ただ、アタリはそもそも何をもって「中心都市」としているんですか。

清野　アタリの定義を要約すると、「中心都市」とは「クリエイター階級が新しさ、発見への情熱を燃やす場所」のことです。

隈　きわめて重要な定義ですね。

清野　その「クリエイター階級」とは何か。歴史的にいうと、海運業者、起業家、商人、技術者、金融業者、芸術家、知識人ら、都市が発展する原理を牽引《けんいん》する人たちのことを指します。

隈　それも、その通りです。

清野　世界史における資本主義の発現は、一三世紀のブルージュにあり、ここではフランドル地方の鉄、羊毛、ガラス、宝石類と、東方・インド・中国の香辛料の交易が行われました。背景にはハンザ同盟、ドイツ、フランス、イタリアの農産物市場もありました。

一四―一六世紀のヴェネツィアは海運とともに交易を制し、一六―一八世紀にはその海運と交易の中心地がアントワープ、ジェノヴァ、アムステルダムに移ります。アントワープ躍進の背景には、活版印刷技術の発明という、現代のＩＴ革命に等しい技術革新がありました。また、アントワープ、ジェノヴァ、アムステルダムはいずれも、造船技術の発達とともに大きな力を発揮しました。

そこから一八世紀後半の産業革命を機に、都市の繁栄はイギリスへと舞台を移し、一九世紀末にはアメリカ東部で内燃機関のイノベーションがあったことで、ヨーロッパからアメリカへと主役が変わります。

二〇世紀は電気によってニューヨークが世界の覇権を握り、二〇世紀後半からはＩＴ革命の拠点都市、ロサンゼルスが世界の中心に躍り出ました。

隈　こう見ると、都市はその時代の先端技術と表裏一体に発展していくことが分かりますね。

清野　「中心都市」の変遷は、戦争など暴力や攻撃によって起こるのではありません。新しい「中心都市」は、旧《ふる》い「中心都市」とは違った経済と文化の成長原理を持った都市のことです。

　都市の成長原理が変化すれば、その活力を担うクリエイター階級も交代します。新しい「中心都市」には、新しいクリエイター階級が自由、資金、エネルギー、情報を持ち込んで、新しい経済基盤を築き、そこから新たな大量生産の商品を生み出し、それを世界に拡散していく――というのが、アタリの歴史的な都市観です。

隈　それで、この変遷に東京は入っていないのですか。

清野　そこなんです。実は東京は一九八〇年代後半、ニューヨークとロサンゼルスの間の時期に、世界の中心になるチャンスがあった、とアタリは述べています。

隈　バブル前夜とバブル期。確かに当時の日本の勢いはすごかったけれど。

清野　しかし、東京は「中心都市」にならなかった。より正確にいうと、なれなかったのです。

八〇年代に東京は、ニューヨークから「中心都市」の座を奪うチャンスがあったのに、それを逃して、その座はロサンゼルスに行ってしまいました。

隈　うーん。

清野　だったら、ロスの次に太平洋を越えて、東京が浮上すればよかったのですが、その後、「中心都市」の潮流は日本を素通りして中国、東南アジア方面へ行ってしまいました。なかなか悲しい流れです。

東京が素通りされた三つの理由

隈　その理由をアタリはどう分析していますか。

清野　もちろん中国の本格的な大国化など国際情勢の変化はありますが、日本国内の問題として彼は三つの理由を挙げています。いずれも論旨を要約しますと、以下になります。

一つめは、「並外れた技術のダイナミズムを持つにもかかわらず、既存の産業・不動産から生じる超過利得、官僚周辺の利得を過剰に保護した」。

二つめは、「将来性のある産業、イノベーション、人間工学に関する産業を犠牲にしてきた。特に情報工学の分野」。

三つめは、「『近代』に対する強い憧れがあったにもかかわらず、官僚の排他的な特権階級制度を粘り強く修復し、その権力に畏怖しながら、過去の栄華に対するノスタルジーに浸ってきた」。

隈　アタリはミッテランの政治顧問を務め、サルコジ、オランド、マクロンと歴代のフランス大統領にも近いでしょ。さすがに、よく分かっていますよね。余談ですが、彼は僕の建築に興味を持っていて、パリで食事をしたことがあるんですよ。彼の知り合いのインドをベースに活躍しているテキスタイルデザイナーを紹介されて、コラボの可能性はないかという話だったのですが、まだ実を結んでいません。

清野　隈さんの華麗なる社交の一端ですね。

隈　それはさておき、八〇年代に東京が持っていたある種のエネルギーと財力を駆使したならば、もう少し東京を面白くできたのに、という思いは僕にもありますね。

清野　ですよね。

隈　ところが、財力と勢いがあった時の、日本のアーバンデザインと建築のリーダーは、簡単にいえば考え方が古くさかった。要するに、僕がいう「武士」「おサムライさん」そのものだった。

清野　日本を代表するデベロッパー企業が、その時何をしていたかというと、ニューヨークのロックフェラーセンターを買っていました。ついでに、世界の反感も買っていました。

隈　新しい事業を開拓しないで、既成の権威を高い値段で買って、それでバブルが崩壊した後は、ロックフェラーセンター内の大半のビルを手放したでしょう。

清野　まさしくアタリのいう「既存の産業・不動産から生じる超過利得」だけを狙って、みごとにコケたわけです。

隈　既成の価値観に縛られているだけで、自分たちで新しい価値観を作っていこうという自信と意欲のある人が、日本にはいなかった。クリエイティブなはずの建築家やデザイナーまで、僕のいうダメな「武士」だった。逆にいえば、僕はバブル時代の先達たちを見ていたから、あれじゃいけないと思って、外に飛び出そうとした。その意味では、いい反面教師でした。

清野　アタリが挙げる二つめの理由、「将来性のある産業、イノベーション、人間工学に関する産業を犠牲にしてきた」も、そこにつながりますね。よく聞く話ですが、iPhone、iPod などアップルの製品、とりわけ初期のものには日本製の高性能な部品が五十パーセント以上も使われていた。日本のメーカーの優秀な技術者は「あんなの、作るのは簡単だよ」と、後からいっていましたが、実際には自らが世に送り出すことはできなかった。問題は部品の生産能力ではなく、「電話もできるパソコン」という、携帯電話のイノベーションを起こせなかったことです。

隈　八〇年代に欧米を旅行すると、ソニーやホンダのブランド力を肌で感じたものです。あの時は日本製品に対する憧れが世界にあった。結局、そんな過去の栄光に日本全体がとどまってしまったんです。

清野　まさしく「並外れた技術のダイナミズムを持つにもかかわらず、既存の産業・不動産から生じる超過利得、官僚周辺の利得を過剰に保護した」ということです。とりわけ隈さんは、「不動産から生じる超過利得」というものに対して、建築の現場からその問題をずっと指摘し続けていました。

都市を破壊した「マンション文化」と「相続税」

隈　戦後に「土地の私有」というものが〝発明〟されて、国全体がその流行《はや》り病に冒されていくようになってから、日本がダメになっていったと僕は思っています。「土地の私有」とはつまり「持ち家願望」のことで、その根底には土地の値段が永遠に上がっていくという神話があったわけです。現在、地方や都市の郊外部では土地の値段が下落していて、空き家問題も深刻化していますが、その状況を見るまでもなく、土地神話は幻想に過ぎなかった。ところがバブル時代は、大企業までもがその幻に染まっていたわけです。

清野　土地私有の弊害については、司馬遼太郎が七六年に出した『土地と日本人』[*9]でも、野坂昭如《あきゆき》、松下幸之助らとともに強く訴えています。

隈　日本がもう一歩ジャンプする時に、土地の私有というものが足かせになっている。日本の歴史を描いてきた司馬遼太郎も、この病理に行き着いたんです。

清野　土地の私有とともに、隈さんがずっといっているのは、一億総サラリーマン化の弊害です。

隈　土地の私有は、「持ち家願望」とともに戦後日本の資本主義的発展に深く埋め込まれた幻想です。持ち家願望は、サラリーマン労働者を企業に縛りつけるための、有効な動機付けでした。サラリーマンは一生をかけたローンを組んで自分の夢を買わされて、そのローンを返すためにサラリーマンである自分から逃れられなくなる。そんな自分たちを肯定するために、彼らはサラリーマンの価値観を「正義」として、世の中全体に押しつける。

清野　それへのいらだちが、隈さんのいわれる「武士よ、さらば」「おサムライさん、サヨナラ」という言葉ですね。

隈　「なぜ東京は世界中心都市になれなかったのか」という大きな問いに対する僕の答えは、「日本社会の一億総サラリーマン化」。それに尽きますね。

清野　東京のサラリーマンの場合は、土地の価格があまりにも高いものだから、持ち家願望がマンションの「占有面積の私有」に置き換わり、幻想の対象がさらに細分化されました。

隈　そう、土地の私有もさることながら、僕は「マンション文化」というものが、東京という都市が本来持っているきめ細やかさ、人同士が触れ合う関係性など、いろいろな魅力を破壊した元凶だと思っています。

清野　五年ほど前に、外国にいる友人に桜だよりを東京から出そうと思って、東京スカイツリーと桜が写っている絵ハガキを買ったんです。新しい東京のシンボルタワーと桜の花でいいんじゃないかな、と思ったのですが、でも、冷静に見ると、桜の花の可憐《かれん》なピンクよりも、足元にべたーっと広がる街並みのグレーの方がずっと目立つ。パリなら凱旋門《がいせんもん》やノートルダム、ロンドンならビッグベン、シンガポールならマリーナベイ・サンズと、一目で伝わるシンボルがありますが、東京にはそれがない、と興が醒《さ》めて、出すのをやめました。

隈　外国から来る建築の専門家は、「東京のオフィス空間は世界水準だけど、レジデンス（集合住宅）は何であんなに貧相なのか」と、いってきます。それを聞くと悔しいのですが、実際にそうだから反論できない。東京のグレーの光景の大半は、相続税対策で切り売りされた土地に建ったマンションや雑居ビルです。ですから、土地私有に付随している硬直化した制度も、見直しが必要ですね。

清野　それは、たとえば相続税の軽減とかですか？

隈　相続税は軽減も含めて見直しの一つになるでしょう。

清野　東京に限らず、京都や鎌倉など、ほかの都市でも、相続税の負担に耐えられなくて、持ち主が由緒あるお屋敷や土地を売ることが、日本では常態化しています。二〇一八年には、京都で室町時代に起源を持つ、京都屈指の町家「川井家住宅」がついに取り壊されました。文化財としての街並みを守る有効な仕組みが日本にないことは悲しいですが、ただ、相続税をなくしてしまうと、結局、お金持ちばかりが得をする、というふうにならないですか。

隈　そこが都市の仕組みを設計する時に難しいところですね。確かに相続税は「金持ち連中に落とし前をつけてもらう」みたいな、ある種、罰則規定のような税金ですから。

清野　三代続けて金持ちにはさせません、みたいなことで。

隈　そう、「売り家《いえ》と唐様《からよう》で書く三代目」[*10]じゃないけど、お金持ちがずっとお金持ちのままでい続けられないことが、戦後日本の活力源だったたし、実際、欧米では金持ちから社会への再分配がうまく循環していないから、すさまじい格差社会の問題が起こっています。

ただ、意外に思われるかもしれませんが、相続税が日本の税収に占める割合は、たったの三パーセントほどといわれています。政府がいうほど大きな財源にはなっていない。それでいて、街並みが持つ歴史性、それを介して人々が育んできた街への愛着をずたずたにしてしまう。現在の相続税の制度設計が、アーバンデザインに対して負のインパクトを与え続けている。街並みという国民の財産が失われ続けていることは、国民の利益にまったくなっていない。そのことを認識して、新しい制度設計に取り組む時代になっています。

「小さな東京」に未来がある

清野　戦後七十五年となり、確かに日本は制度改革と意識改革の両方を、切実に必要とする節目に来ています。そもそも一億総サラリーマン化の背景には、戦後、昭和時代の高度経済成長と人口増加があり、そこから終身で会社に雇用されるサラリーマンが生まれ、隈さんがいった「集団の存続が第一目標で、その目的を忖度して個人の決定を行う人たち」が、日本社会のマスとして幅をきかせてきたわけです。ところが今、時代は経済縮小、マイナス金利と、昭和当時から百八十度、背景が変わっています。人口だって減少の一途で、高齢化、そして少子化の波は止まらない。

隈　その中で、高度経済成長時代の考え方と行動様式が温存されているのは悲劇です。

清野　悲劇なのか、喜劇なのか、日本ではアタリのいうクリエイター階級であるところの技術者、研究者もサラリーマン化しています。今からでも遅くないから、国も企業も個人も、クリエイター階級の育成に向かうべきです。他国からの人材もどしどし呼び込んで、起業家をつぶさないように、人材育成方面も制度改革をして。

隈　それこそが、エネルギーと財力があった八〇年代に、国家と大企業が率先して取り組むべきことだったんです。でも、みんなで土地の私有という古い価値観にしがみついて、チャンスを逃してしまった。でも、今さらウダウダいっても仕方ないよね。

清野　ホント、その通り。

隈　正直なところ、世界中心都市という題目のために東京を何とかしようなどと、僕は思っていませんし。僕は僕にできることを、静かにやり続けていくだけ。実際、都市――とりわけ東京に限って見てみても、建築家である僕がゲリラ的に、すなわち反サムライ的にできることはたくさんあるんじゃないかと思っているわけです。

清野　外部からの評論家、批評家ではなく、当事者、実作者として、ということですか。

隈　建築家というのは、社会的な何かを提案したとしても、お金を出すのは別の人が多いので、自分で責任をとらないところがある。でも、建築家として次に行くためには、自分で企画し、お金を用意し、建物を建て、運営まで責任をとる形を見せないとダメなんじゃないか。

清野　それは国立競技場やJR高輪ゲートウェイ駅、隈さんがデザインに関わっている渋谷の再開発超高層ビル「渋谷スクランブルスクエア」とは違うことですよね。あるいは、中目黒のスタバロースタリーでの協働とも違う。

隈　もっと小さく、もっとボロく、もっと等身大で親密なところに未来はあると思うんですよ。清野さんはスタバロースタリーを、僕の新境地といってくれたけど、僕にとってはそれも既存の枠内。そこを超えたいと思って、小さな東京を一所懸命に探している最中なんです。

たとえば、かつて僕がマンションの仕事をやった時に「苦しいな」と思ったのは、その大前提となる家族像が固定的で閉じていたからです。その家族像とは、個人が家を所有すればハッピーになるという、二〇世紀アメリカが敷いたフィクションで、それを根拠にアメリカの建設業界は郊外に白いお家《うち》を作り続け、儲け続けた。

でも今は、アメリカでもそのフィクションが揺らいでいる。ローンで買うような白いお家なんかには目もくれない大金持ちと、白いお家を持っていても、没落の憂き目にあって、ちっともハッピーでない中間層、そしてさらなる貧困層と、はっきり社会が分断されてしまいました。

清野　戦後、日本がお手本にしたアメリカの消費社会で、共同幻想の崩壊が起こったのがリーマン・ショック前後ですね。それは、その後の日本でも粛々と進んでいる事態です。

隈　日本でも同じことが起こっているのに、不動産業界、デベロッパー業界は、政府や経済界と一緒になって、いまだに個人の城をゴールに、人々を走らせようとしているじゃないですか。サラリーマンの人生って、結局、家のローンとセットになっているでしょう。その「鼻先のニンジン」は、マーケティングのコンサルタントを使って、どんどん洗練され、そこに住宅ローン減税が加わって、二〇世紀システムの延命につながっています。

清野　小泉純一郎内閣が二〇〇〇年代の初頭に行った規制緩和以降、都心、郊外、地方を問わず、タワーマンションが乱立しました。それらこそは、洗練された幻想の筆頭でした。

ガラス張りのロビーとか、図書室、プールとか、共用部分を異常にカッコよく演出して、居室部分は意外に安っぽいという。

隈　僕は建設業界という現場にいて、このシステムの先行きの暗さを実感するようになっていました。そこで、ためしに僕の息子と、彼の周りにいるわけの分からない若い仲間たちを中心に、固定した家族とは違う関係性で暮らしてみたらどうだろう。そうしたら、建築をもう一度エンジョイできるんじゃないかな、と思ったんです。それで、自分で大家さんになってシェアハウスを運営するなんてことを始めた。

清野　隈さんが都市論で語りたいのは、国立競技場ではなく、シェアハウスだった……それは意外であり、面白いことです。それでは次章から、隈さんのいう「小さい東京」を訪ねながら、対話を続けていくことにしましょう。

註1　**国立競技場**　二〇一九年一一月完成。一二年の設計コンペティションで選ばれたザハ・ハディッド案が白紙撤回され、やり直しコンペを経て、大成建設・梓設計・隈研吾建築都市設計事務所による設

計・施工一括（デザインビルド）方式で建設された。軒庇《のきびさし》や屋根の構造に木を多用した競技場は、隈研吾が提唱してきた「都市に木を取り戻す建築」の一つの通過点といえる。
註2　高輪ゲートウェイ駅　二〇二〇年三月開業。ＪＲ東日本「山手線」「京浜東北線」が停車する新駅として、田町駅と品川駅の間に建設。山手線では一九七一年の西日暮里駅以来の新駅となる。
註3　ヴィクトリア&アルバートミュージアム　ダンディ　ロンドンにある世界屈指の工芸・デザイン美術館「ヴィクトリア&アルバートミュージアム（V&A）」の分館。同館はスコットランドの北海側に位置する産業都市、ダンディのウォーターフロント再開発の中心的な建物として計画され、二〇一〇年の設計コンペティションで隈研吾の案が選ばれた。
註4　スターバックス® リザーブ® ロースタリー東京/STARBUCKS RESERVE ROASTERY TOKYO　二〇一九年二月オープン。スターバックスが一四年からシアトル、上海、ミラノ、ニューヨークなどに展開する新たなグローバル戦略店舗。いずれも巨大なコーヒー焙煎機《ばいせんき》を設置していることが特徴で、東京の店は四フロアにわたる吹き抜けがある。外装デザインを隈研吾建築都市設計事務所が、内装をスターバックスのデザインチームが協働で手がけた。中目黒駅から徒歩十分強の距離にもかかわらず、目黒川沿いにできた新名所として、内外の観光客や地元客で盛況。同じ通り沿いには後に整理券の発行所も設けられた。
註5『騎士団長殺し』　二〇一七年、新潮社より書き下ろし小説として刊行。
註6　M2　一九九一年に隈研吾のデザインで完成。当初はロードスターなど、マツダの自動車ショールームとして建設された。ガラス張りの無機的なハコの中央に、イオニア様式の巨大な柱が貫くデザイ

ンは、バブル時代への痛烈な批評を込めたものだったが、隈のその意図は世の中にまったく伝わらず、「バブルの象徴」という盛大なブーイングを浴びた。

註7　RE DESIGN　日常の21世紀　二〇〇〇年に紙商社「竹尾」の創立百周年を記念して催された。第一線のデザイナーが日常的なものをリ・デザイン（再設計）する、という企図で、建築家の坂茂《ばんしげる》は同展で四角いトイレットペーパーを発表している。企画・構成は原研哉。

註8　『21世紀の歴史』　二〇〇八年に林昌宏の訳で作品社より刊行。オリジナルは〇六年にフランスで刊行。

註9　『土地と日本人――〈対談集〉』　一九七六年に中央公論社より刊行。八〇年に中公文庫に収録。「戦後社会は、倫理をもふくめて土地問題によって崩壊するだろう」という司馬の危機意識をもとに、野坂昭如、松下幸之助ら五人の識者が司馬と対談。対談の時期は、田中角栄による日本列島改造ブーム後、田中の逮捕時に重なった。

註10　売り家と唐様で書く三代目　初代が苦労して財産を築いても、三代目になると贅沢《ぜいたく》をして身代をつぶし、家を売るはめになる。その売り家の張り紙は、三代目の道楽の名残りとして洗練された「唐様」書体で書かれている、というエスプリのきいた川柳。

第二章　シェア矢来町——私有というワナ

現代の駒場寮みたいなところを作りたい

清野　私たちは今、東京・神楽坂の住宅街にいます。表通りから一歩入った、静かで穏やかな雰囲気の場所です。低層の住宅が品よく並んでいます。ここに、隈さんが大家さんを務めるシェアハウスが二軒あります。その一つ、「SHARE yaraicho（シェア矢来町《やらいちょう》）」を早速、訪ねてみましょう。この建物は、なんと入り口がドアではなく、テントのジッパーになっているのですね。

隈　まちのセキュリティレベルがちゃんと保たれている証《あかし》ですね。その点は、東京の住宅街が持つすごいアドバンテージです。

清野　「シェア矢来町」は地上三階建て。敷地面積は三十五坪（約百十六平方メートル）で、二〇一二年の完成です。設計者は篠原聡子《さとこ》さん（空間研究所）＋内村綾乃《あやの》さん（A studio）。内装、家具はタイチクマさん。一四年に日本建築学会賞を受賞しています。

（ジジーッ、とジッパーを開けて）

こんにちは～。おお、テントをくぐると、そこは三層吹き抜けのエントランスホール。

おしゃれです。階上から賑《にぎ》やかな声が聞こえてきます。それとともに、いい匂いが漂ってきています。

隈　三階にキッチンとリビングルームがあって、今日はそこでパーティをしているんですよ。

「シェア矢来町」の外観

清野　パーティ！　間取りを見せていただきつつ、三階にお邪魔することにしましょう。一階は二つの居室と、奥にシャワールームなどの水回りとユーティリティ空間。階段をトントンと上がった先の、二階廊下の踊り場に大きな本棚があって、その左右に居室が四部屋。三階が共用のキッチン、リビングルームと二つの居室。トイレは一、二階にある、と。

キッチンからは外階段を使って屋上に出ることができるんですね。幅の狭いスケルトン階段は上り下りにスリル満点ですが、上り切ると都心の光景がよく見えます。この屋上には、小さな畑がこしらえてあります。

「シェア矢来町」の居室

隈　できた時は野菜を作ろうとしたけれど、今はハーブだけになっちゃっています。

清野　ハーブの中でも生命力の強いローズマリーが、わが物顔で繁殖しています。

隈　農業って大変なことだと実感しているところです。

清野　急傾斜のスリリングな外階段を転げ落ちないように降り、キッチンとリビングに戻って、パーティに参加させていただきます。テーブルにいっぱい、おいしそうなお料理が並んでいます。

隈　毎回、みんなで料理を作り合っているんだけど、住人は日本人だけでなく、多国籍だから、「タイ・フード・ナイト」とか「コリアン・フード・ナイト」とか、いろいろ趣向を変えて楽しんでいます。食べ物だけじゃなくて、ファッションショーとか、社会学講座なんかも、住人たちが勝手に企画して、わいわいやっています。その点で、ここは「住居」というくくりを超えちゃっていますね。

清野　何となく、一九七〇、八〇年代の東大駒場寮を思い出しました。もちろん、こちらの方がこぎれいですが。

隈　そう、確かに現代の駒場寮みたいなところを作りたいとは思いましたね。楽しくて、ちょっとあやしげなたまり場。ただ、僕が大家としてこのシェアハウスを回していけるのは、この家の共同設計者であり、かつここに住んで管理人を務めてくれている内村綾乃さんの存在なくしては語れません。ですから、この先は内村さんに話を聞いてください。

清野　はい、内村さん、よろしくお願いいたします。

内村綾乃さんの話

「シェア矢来町」は、日本女子大学教授の篠原聡子先生と共同で設計させていただきました。篠原先生は、私が九〇年から九八年にかけて在籍した「空間研究所」の主宰者であり、また隈さんの奥さまでもあります。

この敷地は都心の駅に近い場所ということで、当初はデザイナーズの賃貸マンションという案も出ていました。しかし、その案だと三十平方メートルほどのワンルーム主体で、高い家賃のものになってしまう。それでは、つまらないよね、ということで、シェアハウスに取り組むことになりました。

シェアハウスは建物というハードウエアもさることながら、運営というソフトウエアの設計が、とても大事になります。ハードの中に、いかにうまくソフトを組み入れていくか。それが建築家としての新しい挑戦でした。

シェア矢来町は八つの居室がありますが、そのうちの一部屋はゲストルームに充てています。ですから、ここでは七人の住人が、疑似的な家族になって、戸建てで暮らすように個人の暮らしを成り立たせています。

その基本に置いているのは「楽しい」という感覚です。

疑似的な家族ですから、お互い、プライバシーには踏み込みません。ただ、完全な他人でもなく、「干渉してほしくないけれど、誰かがそばにいてほしい」という、都会人が望む絶妙な距離感を、どう維持していくかが重要になります。

みんながリラックスできて、ここでの暮らしが苦しくないものにするには、どうしたらいいか。そのための工夫の一つが、住人を社会人に限ったことでした。理由の第一は、モノを考える時のベースとして、経済感覚が共通していることが大事だからです。

共同生活を行う中では、トイレットペーパーや洗剤、お醤油《しょうゆ》や牛乳など、生活上の必需品がちょっと足りなくなる場面が出てきます。その時に千円ぐらいを無理なくカンパできる余裕が大事になるのです。

ごく小規模の集合住宅ですので、入居者の募集は、基本的には口コミです。最初は隈さんの息子さんのタイチクマさんと、そのお友達から輪が広がっていきました。タイチさんも建築家ですので、建築方面、クリエイティブ方面の方が多いところはありますね。応募された方とは必ず面接をします。面接で聞くのは、「お酒は好きですか？」。いや、これは私がお酒好きだからなのですが、要するにお酒を飲めない人でも、おいしいものが好きで、みんなと楽しく「食べること」「飲むこと」を分かち合えればOKです。

シェアハウスのオープンから八年がたちましたが、入居者の入れ替わりは二年ぐらいのサイクルで、常に流動しています。年齢層は二十代後半から四十代前半が主流です。結婚前をシェアハウスで過ごし、結婚を機にシェアハウスを出る、というパターンは多いです。入居者だった方同士が結婚された例もあります。

私自身は、以前は飯田橋のマンションを、オフィス兼住居として使っていました。シェア矢来町の完成を機に、ここに住むことを決めて、荷物をだいぶ整理しました。今は、歩いて一分のところにある空間研究所の一画に事務所を置き、オフィスも住居もシェアという形で、都心の職住接近を実現しています。

設計に関わった私が、この建物に住むということは、建築家としてのアクションの一環です。全体を回していく上で、設計者の一人が実際に住んでいることは、シェア矢来町の大きな強みになっていると思います。なぜなら、設備を把握しているので、電球が切れたとか、水の出が悪くなったとか、何か不都合が起きた時、最短で対処できますので。人間関係を良好に保つには、ハードがちゃんと管理されていることも大事なのです。

パーティは頻繁に行っているわけではありません。三カ月に一回ぐらいの割合です。今日はみんなが賑やかに集まっていますが、住宅街ですので夜十時には、完全にお開きにします。ご近所への配慮も、シェアハウスではとても大事です。

生活の中では、ゴミに出された大量のペットボトルとか、出しっぱなしのオーブントースターとかに、イラッと来ることはあります（笑）。でも、平日の昼間は、みんな仕事に出ているので、家の中が静かになります。一階のホールを独り占めして、仕事をすることができます。そういう時間に精神状態をもとに戻して、淡々と楽しんでいます。

清野　私もシェアハウス暮らしには大いに惹《ひ》かれますが、人間関係にからめとられて、息苦しくならないかな、という恐れが第一にあります。

隈　大家さんをやってみて分かったのですが、そもそも、シェアハウスに暮らす人って、二年ぐらいのサイクルで、次々と移り住んでいくスタイルが多いんです。そうやって、人間関係もさらっと更新していくみたいですよ。

清野 へえ。シェアハウスは定住型住居ではないということですね。シェア矢来町は、建物のクールで温かいデザインが、人間関係のバランスに作用している印象です。そこに建築家の力を感じました。

一方で、「シェアハウス」という言葉が商業主義の中で消費されている現実もあります。二〇一八年には、サブリース方式で女性専用シェアハウス「かぼちゃの馬車」を建てていた会社の破綻があり、その会社を支えていたスルガ銀行の無茶な融資とともに、社会問題となりました。「働き方改革」もそうですが、「シェアハウス」なり「コモンズ」なりと、新しい概念や言葉が世間で流行ると、既存の権力がそれを都合よくつまみ食いして、本来の意味がめちゃくちゃになっていくのは、よくあることです。

隈 僕のシェアハウスの定義は、「人間関係がいい具合にルーズな中で、住んでいる人たちが、手を使って日々の暮らしをエンジョイする空間」というものです。不動産業者やデベロッパーが儲けの道具として使う「シェアハウス」とは、まったく違います。

清野　シェアハウスを「商品」としてとらえた場合、「手を使って暮らしをエンジョイ」という隈さんの定義は、実現がかなり難しいでしょうね。

隈　シェアハウスは本来、業者の「商品」にしてはいけないものです。そもそも人間関係って、商品にならないものでしょう。その意味でも内村さんのような「お母さん」的な存在が、決定的に重要だと実感しています。

シェアハウスの原点は、八〇年代の住宅革命運動

清野　フェイスブックは人間関係を商品にして大儲けしたわけで、そういう利潤システムが登場する時代ですが、そもそも、なぜ隈さんはシェアハウスの大家さんになろうと思われたのですか。

隈　この話の大元には、中筋修《なかすじおさむ》さんとの出会いがあるんです。中筋さんって、知っている？

清野　いえ、存じ上げません。

隈　この話は、実はすごく重要なんです。

一九八五年に僕がコロンビア大学の客員研究員としてニューヨークに行く前に、大阪で中筋修さんという、ものすごく面白いおっさんと出会いました。彼は安原秀《しげる》さんという建築家と一緒に「ヘキサ」という設計事務所を立ち上げて、「都住創《とじゅうそう》（都市住宅を自分たちの手で創る会）」という、一種の住宅革命運動を進めていました。「都住創」では仲間を募って、それぞれが好きな間取りで住めるマンションを、次々と建てていたんです。

清野　シェアハウスの前に流行った「コーポラティブハウス」「コレクティブハウジング」などといわれる手法ですか。

隈　ここで一言いっておきますと、「コーポラティブ」と「コレクティブ」は、だいぶ違います。「コーポラティブ」は、今いった通り、仲間が集まって、それぞれが好みの間取りで集合住宅を作ること。一方、「コレクティブ」は北欧でスタートした新しい住まい方で、多世代世帯やシングルマザーら、多様な人々が、家事を共有しながら住んでいくスタイル。シェアに近い住み方で、北欧では政府がこれを積極的に推進して、シングルマザーを支援しています。

中筋さんは日本ではじめてコーポラティブハウスというものを本格的に実現したわけで

すが、このプロジェクトはマーケットありきではなく、純粋に自分たちが面白がろうというゲリラ的発想から始まっていて、そこが、その後に登場した、商売としてのコーポラティブハウスとは違っていました。中筋さんたちは、同じような間取りの部屋を供給して、それを高い広告宣伝費をかけて販売するだけの、旧態依然とした不動産業界に殴り込みを仕掛けたんですよ。

清野 コーポラティブハウスは、日本の住宅市場の中でのシェアは極小ですが、住宅マーケティングの中で、その言葉が認知されるぐらいには定着しています。とはいえ、それも基本的には消費者にアピールするためのものですが、中筋さんの「都住創」は、それとは違ったわけですか。

隈 中筋さんがやっていた時は、まだ企業にそんな発想も言葉もなく、「協同組合方式でやってますわ」と、彼自身もいっていたんです。それで僕は「面白いな」と思って、八四年に大阪にできた「都住創」のマンションに遊びに行ったのですが、自分の〝建築〟観と〝建築家〟観が変わるくらいに衝撃的だったんですよ。

清野 どのように衝撃的でした?

隈　まず、関わっている人たちが、大阪のヘンなおっさん、おばさんたちで、サラリーマン社会の常識の外側にいる非常に面白い人たちだった。「都住創」のマンションには住人以外にも、毎晩のように、そういう面白くて、ちょっとおかしい人が集まって、家を外に開いた空間として、みんなで住みこなしていたんです。

それも、ただわいわいと楽しく飲んでいるだけじゃなくて、若いアーティストを応援する前衛的な展覧会を催したり、教室や講演会を開いたりしていた。そういう使い方も含めて、建築家がハードだけではなく生活全体をデザインしている感じでした。

清野　今はシェアオフィスやシェアハウスで、入居者による交流イベントは普通に行われていますが、それを先取っていたんですね。

隈　中筋さんがデザインした建物は建築雑誌に載るような「作品」ではなくて、もっとぐちゃぐちゃなもの。とてもじゃないけど「美しい」といえるものではなかったのですが、その「下手さ」にも、既存の建築とは違う意味があるように見えた。

中筋さんのすごいところは、どこかの会社と組んで、そこに頼ろうと発想しなかったことです。自分たちの運動の一つとして、あくまで仲間たちで作ろうとしていました。その時までに、大阪には「都住創」が作ったコーポラティブハウスが十七軒ありましたが、それら一軒ずつにコミュニティがあり、そのコミュニティ同士がまた交流し合っていく、という具合でした。

清野　そのあたりは、現在のＩＴネットワークの相互作用に似ていますね。

三十年前のプロジェクトの挫折、そして……

隈　僕は、大阪の谷町《たにまち》のあたりにまとまっている、中筋さんたちが作ったコーポラティブハウスをハシゴしたんだけど、若くてヘンなやつが東京から来たということで、各所で面白がられ、歓迎されました。そこから、だったら東京で一緒にコーポラティブハウスをやろうという話が進み、僕がニューヨークのコロンビア大学から帰ってきた八六年に、プロジェクトを始めたんです。

清野　場所はどこだったのですか。

隈　当時、僕が住んでいた江戸川橋。神楽坂の地続きです。江戸川橋は東京の中でも町工場が多く、下町っぽいところが残っていたので、大阪的なノリにも合いました。中筋さんも「江戸川橋の空気感はエエで」なんていってくれて、小さな土地を探して「この指止まれ！」と有志を募ったら、中筋さんを中心に大阪の人が集まって、それでマンションというか、ビル一棟を建設したんですよ。

清野　全然知りませんでした。

隈　そのビルには「都住創ラスティック」という呼び名をつけました。「ラスティック」は「錆《さ》びている」とか「田舎っぽい」という意味があります。

清野　何となく八〇年代サブカルチャーの香りがしますね。資金はどのように調達したのですか。

隈　銀行はこういう草の根的なプロジェクトには融資してくれないので、建物を作る建設会社を決めて、その建設会社が代表になってお金を銀行から借りました。

ただ「都住創ラスティック」は、スタートはよかったんだけど、完成が九一年で、もろ、バブルの弾けるタイミングになってしまった。建物はできたけれど、お金が回らなくなって、資金繰りの苦労に直面することになりました。中筋さんはもともと、めちゃめちゃなお酒好きだったのですが、この時の心労が重なったせいか、深酒がたたって、二〇〇一年に亡くなってしまうんです。

清野　ええっ……。まさに命懸けの試みだったのですね……。

隈　あんなに明るくて、エネルギッシュだった中筋さんが、あっけなく亡くなったことは、僕には本当にショックでした。その後も、関係者たちが破産したり、自殺したりすることが続き、彼らより僕がずっと若かったこともあって、結局、生き残って、お金が返せるのは僕だけになった。僕はプロジェクトの連帯保証人になっていたので、その時に数億円の借金を背負ったんですよ。

清野　うそ。

隈　そこから毎月、高崎の裁判所に通い続けることになりました。

清野　なんで高崎に？

隈　一緒に組んだ建設会社の本社が高崎にあったんです。当然のことながら、当時の僕に、数億円の借金を返せるはずもなく、「そんなに払えません」ということで、建設会社と僕の間で減免措置を設けて、僕が返せる範囲の額にしてもらい、何とか死なないで、十八年をかけて返済しました。

清野　十八年もかけて借金を返済した――んですか？　この話は、隈さんにとって、かなり勇気のいるカムアウトではないでしょうか。なかなか衝撃的な打ち明け話です。

隈　そうですね。生々し過ぎて、自叙伝の『建築家、走る』（新潮社、二〇一三年）にも書けなかった。この話をするまで、二十年が必要でした。それも、東京の裁判所ならまだしも、高崎まで通ったんですからね。ただ、恩人であり、恩師ともいえる中筋さんが亡くなってしまったことを考えると、そんなことは何でもなかったけれども。

清野　世界を股にかける国際的な建築家――とは、なんか違いますね。

隈　で、このつらい体験からのレッスン。「私有ほどヤバいものはない」。二〇世紀の神話は、私有＝安全だったけど、私有ほど危険なものはないことを心の底から勉強しました。

私有というワナにはまってしまった

清野　「都住創」の試み自体には、現在のシェアハウスブームの原型があり、それを先取りしていたと思えますが。

隈　僕らみんながワクワクして「都住創」に取り組んだのですが、その根底には、「みんながそれぞれの不動産を持つと安心だよね」という、二〇世紀的な私有への信仰が横たわっていて、僕らはそれを見抜けなかった。つまり、二〇世紀から抜け出せていなかったことに根本的な問題があったわけです。

清野 「コーポラティブハウス」という呼び名は新しかったかもしれないけれども、修飾語をはずせば、それは「区分所有で分譲します」というシステムですよね。

隈 そうなんですよ。いくら「みんなで自分のほしいような家が作れる」とコーポラティブハウスを面白がっても、私有にこだわる限りは、既存の不動産業界、もっと大きくいうと、私有をエンジンとする戦後の資本主義の仕組みに、片足を突っ込んでいるのと同じだった。若かったし、時代もバブルで、不動産の価格はずっと上がっていくもんだって思っていたから、危険が見えていなかった。

清野 『新・ムラ論』の時、隈さんは地域おこしやまちおこしについて、「そういう危険なことに、軽々しく首を突っ込んではいけない」なんておっしゃっていました。その時は、いつものシニカルなレトリックだと聞き流していたのですが、発言の真意はここにありましたか。

隈　まちおこしに首を突っ込めば、経済リスクにすぐ突き当たります。エラそうにしているだけのおサムライの立場を捨てて、実際に商人の世界に踏み込んでいくには、それなりの覚悟がいる。僕にとって、中筋さんたちは世の中のことを教えてくれた、いいおっさん、いいお兄ちゃんたちで、彼らとの出会いと付き合いは実に面白かった。でも、私有というワナにみんなではまって、僕の大好きなおっさん、お兄ちゃんたちが次々と亡くなっていった。その苦い思いは、ずっと僕の中にあります。

清野　建物は今もあるのですか。

隈　今も建っていますよ。

清野　本当だ。検索したら出てきました。

隈　ただ、その時に手を挙げた仲間は残っていない。

清野　うーむ。

隈　でも、「武士よ、さらば」という覚悟は、基本的にそんなもんじゃないですかね。武士の集団主義システムの外に飛び出るわけだから、死ぬか、生き残るかのギリギリです。怖いからといって、ジャンプしないでどうすんの、と思うんですよね。

清野　それ、隈さんが提唱した「三低主義」[*1]の「低リスク」とは対極の、ハイリスクな生き方だとも思いますけどね。

「川沿いの準工業地域」の面白さを発見する

隈　中筋さんが早くに亡くなってしまったことは僕の心の痛みですが、中筋さんのおかげで、ニューヨークから帰ってきた時、ラスティックを発端に、江戸川橋から東京を見ることができた。それは僕にとってはラッキーなことだったと思っています。
江戸川橋って、世田谷区のようなこじゃれた戦後の住宅街ではなく、まちに川が流れているライトインダストリー（軽工業）の一帯なんですよね。バブルの時は西麻布とかが異常にブランド化して、江戸川橋には誰も注目しなかったけれど、実は戦前・戦後の東京人の暮らしが蓄積した面白い下町的なエリアなんですよ。
清野　ライトインダストリーとは、すなわち町工場ですね。
隈　僕はパリの事務所を十一区に置いています。オーベルカンフという通りですが、ここも二〇世紀のライトインダストリー地区で、シャンゼリゼみたいな高級な商業地域でも、

「スターバックス リザーブ® ロースタリー 東京」の巨大焙煎機

西の高級住宅街でもなかった。でも、今はライトインダストリー時代が残した通りや建物などのリノベーションが進んで、この界隈《かいわい》が逆にカッコいいと、価値の反転が起こっている。うまくてカッコよくて安いレストランもいっぱいあります。

清野　ゼロ年代以降は、ニューヨークで工業地帯だったブルックリン*2が、都市リノベーションの流れに乗って、クールな居住エリアになったり、東京でも中央区の日本橋や、千代田区の神田、墨田区の押上《おしあげ》、清澄《きよすみ》白河《しらかわ》が、「セントラルイースト東京*3」としてクローズアップされたりしました。実際、セントラルイースト東京は、都市として魅力的な場所がたくさんあります。隈さんが今、おっしゃったパリ十一区と通じている感じです。

隈　第一章で話した中目黒の「スターバックス　リザーブ®ロースタリー東京（スタバロースタリー）」も、実はライトインダストリーの立地で成功した例なんですよね。

清野　そうだったんですか。

隈　あの「スターバックス　リザーブ®ロースタリー」という業態は、日本だと商業地域では店を開けないんですよ。なぜかというと、内部に巨大な焙煎機を設置するから。日本だと巨大な焙煎機は工場の設備になってしまい、都市計画法でいうところの工業地域か準工業地域でしか開けないんです。当初はスタバも表参道、渋谷、銀座といった、ど真ん中の立地を探していたらしいのですが、東京では無理だということが分かって、準工業地域を探したら、川沿いにそういう地域が残っていたわけです。

清野　目黒川、神田川とか。

隈　羽田あたりとか、押上あたりとかね。昔はそういう川沿いに町工場が並んでいたでしょう。それで、準工業地域という指定になっている。

清野　スタバロースタリーの場合は、制約があったことで、中目黒という目黒川沿いの立地の面白さが際立った。ここでも価値の転換があったんですね。

隈　実際、世界のいろいろな都市やまちで今、一番面白い場所は、川沿いのライトインダストリーのエリアです。パリしかりだし、ニューヨークもベルリンも、川沿いのある種、ものづくりのサビた感じの場末感が残る場所が、二一世紀に人間的な息吹のある場として再発見されている。前世紀には、絶対に高級物件は建たなかった場所だから、二〇世紀のこじゃれた高級物件で荒らされていない。手あかにまみれていないんですよ。

ここで話を戻すと、中筋さんと出会い、「都住創」に関わり、さらにそこで挫折して借金を背負わなかったら、神楽坂のシェアハウスだって取り組めなかった。その点でも失敗を含めて、経験してよかったと僕は思うようにしています。

シェアハウスを都心の高齢者施設に

清野　シェア矢来町に戻りますが、コーポラティブハウスとシェアハウスの違いは、何なのでしょうか。

隈　「都住創」のコーポラティブハウスでは三十坪（約九十九平方メートル）とか四十坪（約百三十二平方メートル）の区分所有が基本で、そこにはカスタムメイドではあるけれど、「家を私有する」という感覚がまだありました。しかも三十坪、四十坪は、都会では結構広い面積ですので、価格は高くなって、住み手には経済的なリスクが生じます。
　一方、シェアハウスは賃貸が基本。個人の居室は十平方メートルくらいの小さなワンルームですが、キッチンやリビングルーム、ホールなど共用部分を広くして、気持ちいい居住環境を保ちつつ、個人の経済的なリスクを少なくできます。
清野　シェア矢来町のお家賃はいくらですか。
隈　家賃が七万三千円で、共益費が一万二千円の計八万五千円です。これには、水道・光熱費・Ｗｉ－Ｆｉ接続料が含まれています。入居時は礼金ナシで、敷金として一月分の家賃をもらい、退去時に、そこから掃除代として一万円を抜いた金額を返却しています。
清野　大家さんとして、経営はいかがですか。
隈　採算ギリギリですが、人気があるから部屋が空くことはありません。
清野　東京都心部の駅から近い閑静な住宅街で、贅沢ではないけれど、きちんと設計された良好な一軒家に、家賃十万円以内で暮らせる。絶対的なプライバシーがほしい、という場合はともかく、そのような暮らし方の選択肢がある、ということは確かに居住の革新ですね。

隈　ゆくゆくはこの形を高齢者施設にしていきたいんですよね。高齢者施設というと、郊外、田舎で建設されることが多く、お年寄りはやむなく社会から隔絶されてしまいます。それにも僕は異議を申し立てたい。高齢者が十万円以内の家賃で都心に住んで、まちにまぎれ込む。そういうことがあって、都市は豊かさと多様性を保っていける。高齢者は下手をすると引きこもりがちになりますが、シェア方式にして、みんなでまちに引っ張り出せばいい。

清野　超高齢化が進む日本で、自分自身も着々と高齢者に向かう中、希望が持てる話です。

註1　**三低主義**　隈研吾、三浦展《あつし》の共著『三低主義』（NTT出版、二〇一〇年）で提唱した、経済縮小時代の価値観で、「低価格」「低姿勢」「低依存」を指す。ここでは身の丈で楽しく生きる「低リスク」

も推奨されていた。

註2　ブルックリン　ニューヨークを構成する五つの行政区の一つ。港湾、工業、軽工業地区として労働者や移民の居住が多い区だったが、一九九〇年代からマンハッタンの地価高騰を嫌ったクリエイターやアーティスト、ビジネスパーソンらが移住して、ニューヨークの新たなトレンド発信地に。歴史的な建造物でもある倉庫や工場をリノベーションしたホテル、カフェ、ショップなどが世界的な流行を作り、脚光を浴びた。

註3　セントラルイースト東京　日本橋、神田、秋葉原、浅草、押上など、東京の東側を表す名称。バブル時代は西麻布のある港区ばかりが目立っていたが、ゼロ年代以降に都心へのアクセスのよさと、昔ながらの街の雰囲気が再発見されて、流行に敏感な人たちが好む東京の人気エリアに。リノベーション向けの建物が多くあることも特徴である。

第三章　神楽坂「TRAILER」

——流動する建築

長持ちすることが善である、という錯覚

隈　第二章で僕が大家を務めるシェアハウス「シェア矢来町」を取り上げましたが、二〇一六年から一年間、同じ神楽坂で期間限定の屋台ビストロみたいな店も開いたんですよ。息子のタイチクマと一緒に企画したワインビストロで「TRAILER（トレイラー）」という店でした。

清野　どういう場所で、何がきっかけだったのですか。

隈　場所はシェア矢来町のそばで、シェアハウスをさらに展開するために、僕が買った土地です。神楽坂でシェアハウスのムラみたいなものを作りたいと思っていたのですが、東京2020やタワマンのブームで施工費が高騰して、着工を保留中だったんです。きっかけは、アウトドア用品メーカー「Snow Peak（スノーピーク）」の山井太《とおる》社長（現・会長）から依頼を受けて、木のトレイラーハウス「モバイルハウス住箱（JYUBAKO）」をデザインしたことでした。せっかくなので、それを自分でも使いこなせたら面白いな、と思って。

清野　シェアハウスの大家さんになった隈研吾が、今度は「路上」に進出したんですね。

「モバイルハウス住箱（JYUBAKO）」（隈研吾建築都市設計事務所提供）

隈　実はスノーピークからの当初の依頼は、トレイラーではなくて、テントだったんです。斬新なテントをデザインできないか、ということで、それは僕にしても食指の動くことでした。

清野　隈さんは「織部の茶室」（素材はプラスティック・ダンボール）、「カサ・アンブレラ」（同・ポリエステルの不織布）、「青海波」（同・紙）、「cidori」（同・木製角材）など、半分、冗談にも見える実験的なインスタレーションやパビリオン作品を数多く発表されています。東京大学の隈研究室でも、学生にパビリオン制作を積極的に課しておられました。その流れを考えると、テントはぴったりだと思います。

隈　でしょう？　でも、いざ取り組んでみたら、テントは難し過ぎた（笑）。スノーピークにはアウトドア用品メーカーとして長年にわたって蓄積した物理学や力学上のデータがあります。それを参考にしながら、細いバーと布の張力で、新しい造形を生み出せるかな、と思っていたのですが、これが簡単なようでいて難しい。普通のテントをただデザインで飾るだけではなくて、そこに「流動する建築」「建築の流動性」という概念を持たせようという野望があったんだけど、最終的に建築として飛躍させることができなかったんです。

清野　今おっしゃった「流動する建築」もしくは「建築の流動性」というのは、そもそも言語矛盾をはらんでいるような……。

隈　その通りです。ただ、VR（ヴァーチャルリアリティ＝仮想現実）やAR（オーギュメンテッドリアリティ＝拡張現実）の技術が加速度的に進んでいる現在では、建築にも「コンピューテーショナルデザイン」のように、設計に数学的な変数を組み込んで、動的な構造を生成しようとする設計手法が出てきています。これなんかは流動性をめぐる新しい動きといっていい。

清野　変数とは？

隈　たとえば商業施設の場合、予算、土地の条件、法規など従来の制約条件に加えて、人の流れや混雑度といったデータも加えて最適解を出す、というもの。ただ、僕が取り組んでいる「建築の流動性」は、建築というどうしようもない物質を、どうやってそこから逃れさせられるか、言語的な矛盾をどうやって矛盾でなくさせるかという挑戦です。スマートな変数計算ではなく、泥臭いチャレンジに建築本来の面白さを見出《みいだ》そうと悪戦苦闘しているんです。

清野　例を挙げていただくことはできますか。

隈　「那珂川町馬頭広重美術館《なかがわまちばとうひろしげ》」（二〇〇〇年、栃木県）は、僕が本格的に木の面白さに目覚めた建築の一つです。この美術館は、コンクリート全盛時代の中でのオキテ破りの設計で、屋根も壁面も全部、木で作っちゃいました。

清野　作っちゃいました、って、園児の工作じゃないんですから。しかも流動性を云々《うんぬん》する前に、耐久性、耐火性をどうするかという、現実的な課題があったでしょう。

隈　それについては、いろいろと試行錯誤がありました。その時は木の不燃化を独自に研究している専門家の安藤実《みのる》さんとめぐりあって、屋根や壁に使う木の不燃化処理が実現したんです。二十年前と比べて、今は木の不燃化技術は驚くほど進歩していますが、当時は木で公共建築、しかも美術館のような収蔵品の保全機能が必要なものを作ることは、考えられないことでした。流動性でいうと、僕はこの美術館に取り組む時に、木は明らかに長持ちしないから、僕が探している建築にぴったりだな、と考えていたんです。

清野　長持ち「する」ではなくて、「しない」――で、合っていますか。

隈　そう。戦後の日本人は、長持ちすることが、そのまま善であるって思い込まされてきたでしょう。それでコンクリートの建築が恒久的な資産であるかのように錯覚してきた。僕自身もコンクリートの風潮に多かれ少なかれ染まっていて、それで世間から失敗作と叩《たた》かれる建築も作った。ところが木で建築を作るようになってから、仕事に向き合う時間が圧倒的に充実するようになったのです。人も建築も、常に流動しながら有限の時間を生きているという、いわば宗教的な気付きを、木という素材を通して得たんですね。

清野　隈さんの「ユリイカ！」は木である、と。

隈　そこから自分自身、「元気なうちに建築を存分に楽しまねば」と、考え方の方向性が百八十度変わっていきました。それまでは、建築で世の中の価値観を変えてやるといった不遜な野心があった（笑）。

スノーピークの話に戻ると、テントができなかったリベンジも兼ねて、テント以上バンガロー未満で何かできないだろうかと探ってみたら、スノーピークにはトレイラー専門の工場がある、と。それで岐阜の工場に足を運んでみると、建築界の通念では想像できないほど安く空間が作れることが分かったんです。これは、目からウロコが落ちる発見でした。

ビルの谷間に出現したトレイラーハウスのビストロ

清野　トレイラーハウスというと、ヒッピーのコミューンなど、アメリカ映画や小説に出てくる光景が思い浮かびますね。

隈　一九六〇年代のアメリカですよね。ただアメリカだとごつい金属製で、環境に溶け合わない。それとはまったく違う空間として、木のトレイラーハウスを発想して、それを「住箱《じゅうばこ》」と名付けました。大きさは、幅が約二・四メートル、長さが約六メートルで、約十四平方メートルです。

清野　体感として八畳に欠けるぐらいですかね。
隈　居住用として使う場合は、クイーンサイズのベッドにリビングがあるイメージですね。でも、僕らのトレイラーはアメリカとは対極で「大きくしないこと」がテーマ。洗い場、シャワー、トイレなど水回りを最小にして、しかもメーカーから要求される快適性をかなえることがチャレンジでした。
清野　二一世紀の流行であるミニマル化ですね。価格はいかほどですか。
隈　スタンダードで四百万円で、それに天井のLED照明などオプションがつきます。トレイラー用に整備されていない場所に設置する場合は、水回りなどの設置費用がかかります。移動する際は、牽引費用もかかります。
清野　八畳で四百万円が安いのか、高いのか、にわかに判断がつきませんが、アドバンテージはどこにあるのでしょうか。
隈　従来の安い、高いを超えた、概念の面白さなんですよ。トレイラーは土地に縛られないで、どこでも設置できます。ただ、設置する場所の自治体が定める条例を守らないといけない。ですから行政によって、異なる指導を受けることになります。牽引移動する時は、大型車両として扱われて、ナンバーも車検も必要ですが、通常の不動産法規にはしばられないので、その意味で流動性は高い。

清野　たとえば神楽坂の私有地で、トレイラーを使って飲食営業をすることは、それほど難しくなかった？

隈　保健所に届け出を出すなど、ルールは当然ありますが、私有地なら外部的な問題はほぼ発生しません。キッチン、トイレの水回りも、私有地の中で整えればいいんです。

清野　ビストロ「ＴＲＡＩＬＥＲ」は一七年夏に惜しまれながら店を閉じましたが、実は、私は店にお邪魔したことがあります。隈さんご一家が贔屓《ひいき》にされている神楽坂のビストロのスタッフだった男性が、シェフとして料理と店全体を担当されていました。

「ＴＲＡＩＬＥＲ」外観。2017年撮影

隈　店を任せたのは恩海洋平《おんかい》くん。彼のお父さんの恩海光さんは七〇、八〇年代の第一次グルメブームの時に、東京で「ビストロ」という言葉を定着させた伝説のシェフで、光さんのお店にはユーミン（松任谷《まつとうや》由実）も通っていたといいます。僕は「光チャン」と呼んでいたけれど、彼が代官山でやっていた「FLAGS（フラッグス）」というイタリアンは、世田谷区上馬《かみうま》で屋台みたいに小さく始めたころから通っていました。渋谷の青山学院の近くにあるビルの地下で、彼が始めた「上海倶楽部」の狭さも大好きだった。

清野　ちょっと時間を二〇一七年に巻き戻して、「TRAILER」の様子をレポートすると、立地は神楽坂から早稲田方面に抜ける大通り沿い。ビルの谷間にぽっと空いた地面に、屋台を二回りほど大きくした木のトレイラーがちょこんと置いてあります。中に入ると木のカウンターを境に、キッチンと客用のスツールが並んでいて、シェフと客の距離が非常に近い。

メニューはおまかせで、「ブラッターチーズと桃」「コリアンダーとキウイ」「真イワシとごぼう」といった、意外性のある組み合わせのお皿が次々と登場します。メインは塊でたっぷりと出てくる肉料理。ワインは都会の人たちに人気の自然派、ヴァンナチュール。

シェフの動作、手さばきは軽快で、目の前で料理のプロセスがとんとんと進んでいく様子は、割烹《かっぽう》料理店以上の臨場感です。隣の人と距離が近いので、何とはなしに会話が始まりますが、みなさん、食情報に詳しい。

空間はもちろん巨大ではありませんが、かといって窮屈でもない。側面に開口部を広くとっているからでしょうか、夜の東京の大通りのざわめきの中、自分の居場所がぽっとできたような、不思議な居心地がありました。

隈　小さな建築は、そうやって自然に環境を取り込めちゃうんです。

清野　気になるお手洗いは、トレイラーの裏側に設置されていましたね。すっきりとクールな空間で、こちらの方がむしろインスタレーション建築のようでした。「え、隈さんが屋台ビストロ？　それは酔狂な……」という先入観がありましたが、実はやっぱりおしゃれな隈建築。トレイラーを屋台的に解釈して、その建築的実験を、「食」という分かりやすい回路を通してまちにアクセスさせた――これ、建築評論業界的な説明になっていますか？

隈　そんな小難しいことをやったわけでもないんですけどね。

清野　でも、東大教授で、「国立競技場」の設計に携わった建築家が屋台をやってます、というのは、「ええっ」となりますよ。

隈　「一人ＣＳＲ」[*1]（ＣＳＲ＝企業の社会的責任）と自分で呼んでいるんですけどね。市場とか権威とかとは別のところで、建築家も自分と建築の価値を再定義しないといけない。いわゆる建築家という「先生」の閉じた世界では、屋台の設計なんてありえない――というのが常識ですが、共生、多様性、互助が必要とされている時代に、先生目線はもう全然古いでしょう。実際、「阪神・淡路」と「東日本」という二つの大震災を経験した若い世代は、コンクリートの大建築じゃなくて、むしろ仮設建築の方にリアリティを感じているはずです。だから僕も息子と一緒に「ＴＲＡＩＬＥＲ」に取り組めたんです。

さまよえる建築の原体験は、大学院時代のアフリカ調査

清野　ＳＮＳが既存の権威を崩壊させた、なんていわれますが、隈さんの価値観にＩＴ革命は影響していますか。

隈　時代背景としてももちろんあるけれど、その前に日本のアカデミズムの現状を、身をも

って知ったことの方が大きいですね。アメリカがすべて手本になるとは思いませんが、それでもアメリカではスタンフォードやMIT（マサチューセッツ工科大学）、カルテック（カリフォルニア工科大学）が、世の中のイノベーションを牽引して、アカデミアと社会の関係性を築いてきた。

清野　一方で、日本の大学はどうかというと……。

隈　日本の大学の古いタイプの先生たちは、世界のイノベーションの潮流からはずれて、政府のナントカ委員会に呼ばれて、もっともらしい意味のないことをいって、政策決定のアリバイに利用されるぐらいしか、使われようがなくなっている。僕がパビリオンやインスタレーション建築を作ったり、学生に作らせたりするのは、反・委員会、非・委員会のスタンスがあるからです。我ながらひねくれていると思うけど、でも、現代思想家のスラヴォイ・ジジェクだって、「委員会システムこそが、現代の病だ」といっています。ただ、それとは別に、トレイラー、もしくはさまよえる建築については、僕の大学院の時の強烈に楽しい原体験があるんですよ。

清野　うかがいましょう。

隈　大学院時代に、アフリカのサハラ砂漠をアルジェリア、ニジェールからコートジボワールまで、フィールドワークで縦断しました。大学院時代の恩師である原広司《ひろし》先生と五人の院生メンバーで、スバル・レオーネをカスタマイズした車に乗って、小さなテントを持って、ベドウィン族みたいに砂漠で野営をしながら回ったのです。砂漠は昼に灼熱《しやくねつ》の温度でも、夜はものすごく寒くなる。夜はテントに何枚も布を重ねて、床にも布を敷き詰めて、自分たちもいろいろな服を重ね着して、星を見ながら焚き火《たび》をする。そこで眠くなるまで、みんなで建築への思いをいろいろと語り合うんです。

清野　ロマンチックで、青春ですねえ。

隈　現実はロマンチックどころじゃないですよ。フィールドワークといっても、集落の中に長期間滞在して、人々の間に溶け込む「参与観察」ではなくて、一日中、砂漠や草原の中で弾丸のように車を走らせ、集落を見つけては訪ねていく。一日に二～三件、二カ月で百件ほどを取材しましたが、事前に許可をもらって訪ねるのではなく、突然行くわけだから、「よそ者が襲ってきた」なんて思われて、攻撃される可能性もあります。実際、そこで殺されても文句をいえる状況ではなかったですね。ただ、それ以上にすごかったのは原先生で、物怖《ものお》じしないで、ずんずん集落に入って、建っている家の寸法を片っ端から測っていくんです。遠巻きに見ている子どもたちには、ボールペンをプレゼントしながら、僕たちが危害を加えない存在だと知らせる。それで、パラマウントチーフ（最高首長）が出てきて、歓迎のごちそうとして、ねずみと蝙蝠《こうもり》なんかを振る舞われたりして。

清野　インディ・ジョーンズの世界じゃないですか。

隈　すごい旅でしたよ。

丹下《たんげ》健三への憧れと失望

清野　隈さんが建築家を目指されたのは、六四年の東京オリンピックで、丹下健三が設計した「国立代々木競技場」に感銘を受けたからですよね。そこからアフリカへは、距離があるような。なぜ、丹下建築からアフリカに飛んだのでしょうか。

隈　いい質問です。国立代々木競技場を見た時の感動は、今も鮮明に覚えています。小学生だった僕は、父親に連れられて遊びに行ったんですが、渋谷から坂を登《つ》ったところに聖なる塔みたいに出現する、あの斬新な吊り構造の競技場に、一目で心を奪われました。第一体育館のプールでは、高い天井にとった天窓から光がきらきらと水面に落ちてきていて、その様子は神々しいほどでした。それで、猫好きのおとなしい少年だった僕が、突如として「建築家になる」と決心して、丹下さんが憧れの人になったんです。中学に入ると、丹下門下の黒川紀章《きしよう》さんがいう「メタボリズム建築」にも憧れました。

清野　メタボリズムとは新陳代謝の意味で、建築が新陳代謝をすることによって、都市は更新していく、という建築界の新しい概念でした。環境の世紀を迎えた今、その思想は時代を先取りしていたと思えます。

隈　そう、「環境」や「アジアとの共生」を謳《うた》うメタボリストたちの言葉に、僕はすごく惹かれたんですよ。それで、七〇年の大阪万博には、黒川さんが作ったパビリオンがあるということで、ワクワクしながら見に行った。ところが、これが鉄でできたモンスターみたいな代物で、期待が大きかった分、心底ガッカリしました。公害がクローズアップされていた時代でもあり、工業化社会の負の側面を、建築が「環境」と「アジアとの共生」で乗り越えていく夢を僕は抱いていましたが、やっていることは工業化社会そのものじゃないか。どこがメタボリズムなんだよ、どこがアジアなんだよと、彼らに対して一気に懐疑的になりました。

清野　その後に難関を突破して、東京大学の建築学生となられたわけですが。

隈　ですから、十代後半から二十代前半まで、ずっともやもやしていましたね。大学がエラそうに教えるコルビュジエの建築とかにも全然ピンとこない。かといって日本の建築史を教えてくれる先生の話も、僕にはカビ臭く、堅苦し過ぎて、自分が何に焦点を当てればいいのか分からない。

清野　丹下さんへの憧れはどうなりましたか。

隈　僕の学部在学中に、丹下さんは定年を迎えられ、最終講義をされました。丹下さんから黒川さん、磯崎新《いそざきあらた》さんへのドラマチックなバトンタッチを、僕はこの目で見ることができたわけですが、ただ、代々木競技場後の丹下建築は工業化時代のコンクリートと鉄の塊にしか見えず、失望し続けていました。丹下研究室からは、黒川さんとともに、磯崎さんというスターも輩出していましたが、磯崎さんのいうことは、知識をひけらかす特権的な匂いが強く、僕にはペダンチックで鼻につきました。

清野　そこが磯崎さんのカッコよさじゃないですか。

恩師・原広司から教わったこと

隈　建築の文化レベルを上げたけど、逆に建築とコミュニティの関係を切ったのも磯崎さんです。そうやってもやもやしている時に、原先生の研究室が世界の辺境で集落調査をしていると聞いて、その時にはじめて目の前の世界がぱぁっと開けていく気がしたんです。

清野　人気の研究室だったんですか。

隈　いや、当時の原研究室は変人が行くというイメージで、人気はまったくなかったですね。場所も本郷キャンパスではなく、六本木の生産技術研究所でしたから、丹下研究室みたいな本流感はなくて、変人感と場末感が漂っていました。

清野　そんなことをいって、原先生に怒られませんかね。

隈　大丈夫。そういうみみっちい人じゃない。

清野　原先生は一九三六年生まれ。東大教授を務める一方で、ポストモダン建築の旗手の一人に数えられ、「梅田スカイビル」（九三年、大阪市）、「京都駅ビル」（九七年、京都市）などの大建築を手がけておられます。素人受けするタイプではないけれど、日本の建築シーンを代表する作品があり、スターの系譜に連なる「マスト・ノウ（must know）」の一人。隈さんの原先生評とは、どのようなものですか。

隈　映画「三丁目の夕日」に出てくる、路地でタバコを吸ってる昭和の人間のプロトタイプを、もうちょっとアカデミックにしたような人ですよ。

清野　どういう人よ？

隈　全共闘世代の前の世代で、誰とも群れずに、独自の道を行っていました。団塊の世代にはない素朴な夢が内にあって、「これからは心の時代だよ」と、よく僕らにも語っていましたね。僕が院生だった七〇年代後半の世の中は、八〇年代の消費的なセゾンカルチャーが始まる直前。社会にはまだ全共闘運動の暗い余韻があって、昭和のじめっとした空気も漂っていて、そんな中で、原先生の持つ哀愁感には、何ともいえない温かさと味わいがありました。

清野　アフリカ行きは原先生の発案だったのですか。

隈　原研究室では二、三年に一回、集落調査を行うことが恒例になっていたのですが、アフリカは僕が強力に推しました。原先生は「え、アフリカ？　政情とか病気とかヤバいんじゃないの?」といっていたんですが、先生をその気にさせるために、お金集めもスケジュール作りも全部、僕が主導しました。トヨタ財団、鹿島財団、学術機関など、原先生をお連れして、一緒に助成金のお願いをするんです。先生はしゃべりが下手なので、東大教授の名刺を出してもらった後は、後ろに座っていただいて、僕がひたすらしゃべる。それで数百万円の資金を集めました。

清野　隈さんはかねがねご自身を「受け身」とおっしゃっていますが、どうしてなかなかアクティブではないですか。

隈　その時は原先生がしゃべらないので、仕方なく能動的だったんです。研究室の環境もあまりにひどかった（笑）。原先生は毎晩、麻雀《マージャン》ばっかりやっていましたしね。今から思うと、それも一つの教育方法で、まんまと乗せられたかとも思います。オレは何もしてやらないよ、ということを叩き込まれた。そのおかげで、建築をするなら、誰も助けてくれない、自分たちが動かねば何も始まらない、自分から能動的に行かないとダメだ、という根本的なことが分かりました。実際、アフリカのフィールドワークは、僕の人生にとって大事な転機になりました。それまでは、学校が教えるものを素直に受け入れれば、試験でいい点をとれるという、日本式のオートマティック教育に組み入れられていたけれど、それを振り切って、教えられたことを否定して進んでいくやり方に目覚めた。

アフリカの集落はインターネット的な分散型だった

清野　アフリカの砂漠の光景はいかがでしたか。

隈　風と光が作る造形は超がつくほど非日常で、身体が飛ばされそうな砂嵐すら、その渦中で見とれてしまいました。

清野　以前、私が中東の砂漠に行った時、そこで暮らすベドウィンの男性が、「週末は家族で砂漠に来るのがレジャーだ」といっていて、砂漠の国の人は、我々でいう海水浴の感覚で砂漠浴をするんだと、びっくりしました。

隈　原先生のすごいところは、そのように価値観が我々とは対極の砂漠で、物怖じせずに集落に分け入って、集落全体の配置、構成をぱーっと図面化していくところです。京都のような碁盤の目の街なら、図面化もそう難しくはないかもしれないけれど、僕たちにとっては未知の集落です。即座に三次元的な複雑さを図面化することは至難の業ですよ。

清野　そういう大変なことは、普通、学生に丸投げしそうですけど（笑）。

隈　原先生は、要するにトム・ソーヤーなんですよ。[*2] 以前、僕たち院生が先生に呼ばれて、千葉の山奥にある、先生が設計した住宅の現場で、コンクリート打ちのバイトをさせられたことがありました。朝六時から深夜十二時まで働き詰めという完全なブラック現場で、だから工務店も逃げ出して、人手が足りなくなっていたのですが、その逃げられた後に、何も知らない僕たちが送り込まれた。コンクリートも機械ではなく手練り。ひいひいいいながら、コンクリートを打ち続ける僕たちを見て、原先生が発した言葉が、「どうだ、楽しいだろ」って。

清野　「お前も塀のペンキ、塗ってみたいだろ」と。アフリカの集落調査に戻ると、図面からの発見は、どのようなことでしたか。

隈　それぞれの家が、パラパラと脈絡なく分散しているようでいながら、井戸や祠《ほこら》など生活の結節点で全部がつながっていることが、よく分かりました。

清野　おお、インターネットを想起させますね。

隈　そう、インターネット的なタイポロジーを七〇年代にアフリカの砂漠で発見して、その離散的なネットワークのあり方に、僕は触発されたんですね。というのは、日本は都市も田舎も密着型で、パラパラしていないから。日本の、そのべたべたと密着した感じがどうにもいやで、何とかして逃れたいと考えていたのが僕でしたので。

清野　なるほど、「建築の流動性」というテーマにつながってきました。

人生の目標は、テントの気楽さを作ること

隈　僕たちを受け入れてくれたベドウィンの集落では、その土地の材料を、彼らが自分たちの手で組み立てて、家にしていました。サバンナではアドベ（日干し煉瓦ブロック）で建物を作っていますが、海に近づいてくると、アドベではなく、木、竹、ヤシで建物が作られています。

清野　隈さんのゼロ年代の作に「安養寺木造阿弥陀《あみだ》如来坐像《ざぞう》収蔵施設」（二〇〇二年、山口県下関市豊浦町）がありますが、あの迫力ある日干し煉瓦の外壁は、砂漠でのアドベ体験がもとになっていましたか。

隈　アドベは中近東から中国一帯にかけて日常的な建築素材で、日本には朝鮮半島経由で

伝播《でんぱ》したといわれていますが、その技術を山口県の豊浦で偶然見つけました。安養寺の阿弥陀如来像は一二世紀の木像で、国の重要文化財。収蔵庫の通気性をどうやったら確保できるかと考えていたら、豊浦の古い蔵がアドベで作られていることが分かった。この時は、左官職人の久住章《くすみあきら》さんが、現地の土にスサ（壁土のつなぎ材）を混ぜるなど工夫をして、アドベを作ってくれたんです。

清野　まさしく素材の発見ですね。

隈　そのアフリカの集落の延長で、木でできたボロボロの僕の実家の建物のよさを、僕自身が再発見することもありました。それまでの僕は、日本中がコンクリート礼賛でぴかぴかと変わっていく中で、ボロボロの木造家屋をちょっと恥ずかしく思っていた。アフリカを経由したことで、日本のボロ家がはじめて面白く見えてきました。

清野　それも数寄屋建築の方向ではない、足元の普段着の民家ですね。

隈　日本建築史の先生がエラそうに語る芸術的な数寄屋建築ではなくて、もっと民俗的、土俗的なもの。俺が好きな建物はこれだ！と、実家の建築と和解することで、自分の価値観をやっと認めることができました。

それ以前に、アフリカではサバンナや海のそばではなくて、砂漠のど真ん中、風土的に厳しい場所になると、もう建物すらなくなって、テントになるんですよ。

清野　建築が恒久のものではなくなる。

隈　そのテントをラクダに積んで、ベドウィンの兄ちゃんが身軽に移動している。布でくるんだラジカセを腕に抱えながらね。ああ、建物にしばりつけられないで生きる様子は、カッコいいなあ、と。それ以来、どうやったら、このテントの気楽さを作れるか、ということが僕の人生の目標になったんです。その後、大学院を出て、就職して、会社を辞めて、ニューヨークに留学して、独立して、となるのですが、テントはいまだに作れていない。

清野　トレイラーまでは作れるようになったけれど、そこに至るまで、すでに学生時代から実に四十年という歳月がかかったことになります。それでも、まだテントはできていない、と隈さんはおっしゃる。

隈　そういうことになります。

清野　神楽坂で営業を終えた「TRAILER」はその後、どうなりましたか。

隈　何カ所かをさまよって、今は北海道の大樹町《たいきちょう》にある「メムアースホテル」の敷地に仮設で置かれています。「メムアースホテル」は、ＬＩＸＩＬ住生活財団が作った実験型のエコビレッジがもとになっていて、五万六千坪という、東京ドーム四個分の広大な敷地の中に、牧場、実験住宅、カンファレンスセンター、宿泊施設などを点在させて、次世代ライフスタイルを探っています。ただ、トレイラーは二年に一度、車検を通す必要があって、その度に内部の装備を全部とらないといけないんです。建築でもなく、車でもないところが面白いわけですが、それがゆえに、かえって面倒な手続きも必要で、だから本音を白状すると、結構大変です。

清野　「ＴＲＡＩＬＥＲ」には東京の各地をさまよってもらいたいところですが、さまよえるトレイラー、流動する建築になるには、やっぱり費用がかかるのですね。

隈　ベドウィン的な生活を送るのは、一番難しいと、身に沁《し》みて感じています。

註１　ＣＳＲ　Corporate Social Responsibility の略で「企業の社会的責任」の意味。企業は利益を追求するだけでなく、同時に社会に対する責任を果たしていくべき、という企業社会に課せられた新たな

役割。大手企業は現在、CSR部門を持つことが対外的に必須という状況になっている。

註2　トム・ソーヤー　アメリカの作家、マーク・トウェインによる不朽の児童文学『トム・ソーヤーの冒険』の主人公。トムは、いたずらへの罰だった塀のペンキ塗りを、さも楽しいことのように見せかけて、友人たちに押しつけ、さらに彼らの宝物までせしめてしまう、稀代の才人である。

第四章　吉祥寺「てっちゃん」

——木造バラックの魅惑

「歌舞伎座」「東京中央郵便局」「てっちゃん」は等価である

清野　前章で、隈さんの建築の原点は「テント」であり、しかも、それがいまだに追い続けている到達点であることをうかがいました。

隈　僕が考える建築テーマの中で、一番カッコいいのはベドウィンのテント。現実の中で、いろいろと制約はありますが、「テント的なものを活かしたパーマネントな建築」というものが可能ではないかと、いまだに挑戦を続けています。ただ、四十年以上かけても、その到達はなかなか難しいね。

清野　テントの持つ流動的なエッセンスを、恒久的な建築に押し込める、という二律背反の挑戦ですから。普通はそんな面倒なことは避けますよね。

隈　何しろ僕はひねくれているので（笑）。それでも、木や布や、いろいろな素材を使いながら、二律背反を超越できると思い続けているんです。

清野　神楽坂に屋台ビストロ「TRAILER」を出店した前後に、隈さんはバラックに近い焼き鳥屋さんも手がけました。

隈　そう、吉祥寺「ハーモニカ横丁[*1]」（通称「ハモニカ横丁」）の「てっちゃん」（二〇一四年、武蔵野市）。ＪＲ駅前のカオティックな横丁の、一、二階合わせて二十坪あまりという、正真正銘の小さな建築のインテリアです。予算も徹底的になくて、設計料も安いけど、工事費の方がさらに安いというぐらい。笑っちゃうほどありえない発注でした。

下北沢「てっちゃん」

清野　普通、建築家の設計料は全体の工事予算の何パーセントといった計算ですから、すごく予算がない、ということが伝わってきます。ハモニカ横丁の「てっちゃん」を皮切りに、隈さんは下北沢の「てっちゃん」（一七年、世田谷区)、「ｈｙｍ[*2](ハモニカ横丁ミタカ)」(同、武蔵野市)と続けて横丁建築を手がけられました。

それらに関わった二〇一〇年代は、実は隈さんにとって「大建築」ラッシュの時代です。東京では第五代「歌舞伎座」(一三年、中央区)や、東京駅丸の内口の「東京中央郵便局」の再開発「ＪＰタワー」内にある商業施設「ＫＩＴＴＥ」(一三年、千代田区)など、ど真ん中のプロジェクトが続いていました。それと並行して「てっちゃん」がある、というところが何ともいえない謎なのですが。

隈　歌舞伎座も中央郵便局も東京にとって大事な都市建築ですが、僕が東京の都市再生を語る時は、「歌舞伎座」「ＫＩＴＴＥ」「てっちゃん」と、この三つを併記したいと思います。「てっちゃん」は、それほど重要で貴重なプロジェクトなんです。

椅子に、壁に、天井にからみつく「モジャモジャ」

清野　早速、現地に行ってみましょう。ＪＲ吉祥寺駅の真ん前。サンロード商店街の西側という絶好の立地に、戦後の闇市発祥の一画がまだ残っています。実は吉祥寺は、私が学生時代を過ごしたまちです。ハモニカ横丁にはあまり足を踏み入れなかったのですが、ここにはアメ横にあるような輸入品の店もあったりして、当時流行だったフレンチ・ラコステのポロシャツを売っている店を探して、迷路のような路地をさまよった思い出があります。

隈　それって何年前？

清野　四十年前の話です（遠い目）。

隈　約三千平方メートルの広さがある一画が、まだ残っているんですよ。しかも、商業的な変貌がすさまじい吉祥寺駅のど真ん前で。

清野　それはスクラップ&ビルドがデフォルトの東京にお

吉祥寺ハモニカ横丁

いて、まさに奇跡といえます。実際、吉祥寺駅前では、ハモニカ横丁以外は、ほぼすべてが変わっています。吉祥寺サンロードは、昭和時代は個性的な店が集まる、いかにも武蔵野市の余裕を反映したアーケード商店街でしたが、今やファストフードやドラッグストアの看板だらけ。伊勢丹、近鉄という百貨店もなくなりました。ただ、まち全体がナショナルチェーン化する中でも、ハモニカ横丁に入ると、一瞬にして世界が変わる。それだけは変わっていませんね。

隈　『新・ムラ論』で、下北沢や高円寺を清野さんと歩いた時は、下北沢駅前の闇市跡も、まだかろうじて残っていました。風前の灯火《ともしび》だったけどね。

清野　独特のたたずまいで愛されていた「下北沢駅前食品市場」はその後、小田急線の地下化、複々線事業化で姿を消しました。

隈　東京が世界に誇る建築として、歌舞伎座があることは当然のことですが、本当はハモニカ横丁のような空間こそが、都市空間の中で最もユニークな資産で、東京が、日本が、世界に誇るべきものです。そのことを僕は強調したい。近年のまち歩きブーム、建築ブームは、みんなが路地に惹かれていることのあらわれじゃないかと思いますが、建築家なら、

「てっちゃん」1階（撮影・Erieta Attali）

思っているだけでなく、路地に飛び込んで、それを実践しないとダメだよね。

清野　路地を曲がり曲がりして「てっちゃん」の前に来ました。焼き鳥を焼く煙がもうもうと立ち込めています。週末の昼下がりなのに、店内はお客さんでいっぱい。とりわけリタイア世代らしきおじさまたちの姿が目立ちます。つい、この間までは新橋で飲んでいそうだった雰囲気ですが、リタイアして解放されたのでしょうか、おじさん同士が肩を寄せ合って楽しそうですね。

隈　この店は女性客も多いですよ。夜になると、もっと女性たちが増えます。

「てっちゃん」２階の「モジャモジャ」（撮影・Erieta Attali）

清野　まだ外は白昼ですものね。で、ハモニカ横丁のような場所は、昭和レトロのようなノスタルジーでくくられがちですが、「てっちゃん」の内装を見ると、全然、昭和レトロなぬくぬくした感じじゃない。まず目に入ってくるのはファンキーでアナーキーで、かなりお下劣感のある壁一面の絵。何だ、これは⁉

隈　壁のイラストは、ヘタウマ画伯の湯村輝彦[*3]（テリー・ジョンスン）さんが描いたものです。

清野　店内のカウンター、テーブル、椅子は……何か氷のような、ガラスのような、けったいな素材ですね。座ったら溶け出しそう。

隈　二階にも上がってみてください。

清野　狭い螺旋《らせん》階段を上がると……うわ、なんじゃ。椅子に、壁に、天井に、気持ち悪い血管のようなものがモジャモジャとからみついている。

隈　それ、僕がスタッフと一緒に開発した「モジャモジャ」っていう素材なんです。もとは捨てられていたLANケーブル。予算がなかったから、内装の材料も廃品を使おうということでやりました。一階のカウンター、テーブル、椅子は、「アクリル団子」といって、透明なプラスチックを成型する時に出る塊。これも普通は捨てられるものです。

清野　それにしても、この薄気味悪いモジャモジャは、よくクライアントがOKを出しましたね。

隈　ハモニカ横丁の店でノスタルジックなデザインをやったら、逆に負けだと僕は思っていました。横丁の持つ雰囲気って、そもそも過去陶酔的なので、それに溺れてしまったら恥ずかしいでしょう。それで廃品の持つアグレッシブなパワーを使いたいと思った。建築にとって廃品とは雑音ですよね。僕も普段の建築では、これほどアクの強い雑音を使う勇気はありません。でも、予算が徹底的にないのなら、逆に何をやってもいいんだな、ということで開き直りました。

清野　「てっちゃん」を引き受けたきっかけは何だったんですか。

隈　クライアントの手塚一郎さんの存在なしには語れません。彼ほど面白いクライアントには、なかなかお目にかかれません。手塚さんに会って、話を聞いてみてください。

清野　はい。ということで、手塚さんをお訪ねして、お話をうかがいました。

手塚一郎さんの話

ハモニカ横丁にはじめて飲食店「ハモニカキッチン」を出したのは、一九九八年のことです。僕はビデオ機材を扱う「ＶＩＣ（ビデオインフォメーションセンター）」という会社を経営していて、当時、ハモニカ横丁でその販売店を経営していたんです。そこの二階が空いていたので、じゃあ、バーでも出してみるかと、仲間たちと飲食店の真似《まね》ごとを始めたら、これが面白かった。

九〇年代末のハモニカ横丁は全体がシャッター街のようになっていました。ただ、その中でも、地元の野球チームのお父さんたちが、週に数回、勝手に開く「吉バー」なんて店もあって、こういうやり方もアリなんだ、という自由さがあった。寂れているからこそ、逆に何でもできる。この闇市跡に、青山あたりにあるようなミスマッチな店を入れたら面白いでしょ。

「ハモニカキッチン」は、駒沢の「バワリーキッチン」を手がけたインテリアデザイナーの形見一郎さんに設計を頼みました。妻も僕もバワリーキッチンが好きだったんです。で、「ハモニカキッチン」をきっかけに、ここで店を開いていたお茶屋さんや魚屋さんたちから、「高齢で店を閉めるから、ここで何かやらないか」と、ぽつぽつと声がかかるようになりました。焼き鳥屋、バー、バル、ビアホールなど飲食店六店を出店し、形見さんに立て続けに内装をお願いしました。

その後、ハモニカ横丁で経営する店が十三店になった時に、ちょっと行き詰まりを感じてね。もともとチェーン店、フランチャイズ店へのカウンターとして始めたのに、なんか自分たちがそれに近づいているじゃないか、って。ある夜、飲み仲間たちとここで飲んだくれて、そんなことを話していたんですよね。

「何で『コム・デ・ギャルソン』は横丁に出店しないのか。この店だって、レム・コールハースやザハ・ハディッドに設計してもらいたい」と。

そうしたら、一緒に飲んでいた建築ジャーナリストの淵上正幸さんが、「隈研吾さんなら、意外と引き受けてくれるかもしれない」といい出して、隈さんに声をかけてくれたんです。急いで企画書と予算を隈さんにお送りしたら、忘れもしない一四年二月十四日、バレンタインデーの夜十時過ぎに隈さんがハモニカ横丁にやって来て、現地を見て引き受けてくれた。その日は記録的な豪雪日で、これじゃ、そもそも来られないだろうな、と思っていたので、二重にびっくりしましたけどね。

昭和二二（一九四七）年生まれの僕は、団塊世代のど真ん中。出身は宇都宮で、生家は宇都宮の中心地で百年続く漢方薬局「手塚スッポン店」といいます。高校では立松和平と同級で優等生でしたが、自分を取り巻く環境に、ものすごく行き詰まりを感じていた。地方の名門校で、みんな東大を目指すんだけど、ここから逃げ出せるならどこでもいい、と僕はＩＣＵ（国際基督教大学）に進学しちゃった。そこから中央線の三鷹《みたか》、吉祥寺との縁が始まったんです。

東京に逃げたはいいけれど、ＩＣＵでも居場所はなかったですね。だって授業は全部英語で、だから別の国ですよ。英語のフリーディスカッションなんかをして、ぱっと見はカッコいいんだけど、中身は恐ろしいほどつまらなくてね。あれで僕は英語が大嫌いになりましたね。

食堂では、ダンスパーティのために男女がワルツの練習なんかをしていました。当然のことながら、その雰囲気にもまったく入れないですよ。第一、本当に好きな相手だったら、ダンスなんかに誘えない。僕は戦後の平和憲法の下で、民主主義の教育を思い切り受けて育っている。人間みな平等って洗脳されているから、そんなところでレディファーストといわれても、何で女子は自分で自分の荷物を持たないんだよ、って引っ掛かってしまう。いろいろと困ったものです。

学生時代に学内有線テレビのグループを始めて、卒業後はその延長で演劇や舞踏の撮影を仕事にするようになりました。これが現在の会社の始まりです。紅《あか》テント、黒テント、大野一雄の暗黒舞踏など、当時はアングラですが、今では文科省のアーカイブに入るような舞台をたくさん撮影しました。そんな仕事を十年ぐらい続けて、その後、吉祥寺にビデオ機器の販売店を開きました。七九年のことですが、多分、日本ではじめてのビデオショップだったんじゃないかな。だから僕、就職は一度もしていません。

吉祥寺で長年商売をする中で、横丁ブームなんてものも出てきましたが、その一端が僕たちの店だったことは確かだと思います。でも、約百区画ある中の、一割ちょっとなんですけどね。

何で人気になったかといえば、僕らが自分たちで商売をしているからですよ。それって、当たり前じゃないかと思うでしょう。違うんですよ。吉祥寺の東口駅前一帯の土地は、月窓寺《げっそうじ》というお寺が持っていて、商店街の店主たちは借地権者として自分たちの商いをしていた。ところが、「東京・住みたいまちランキング一位」なんて騒がれ出してから、吉祥寺に大衆がやって来るようになった。

オルテガは『大衆の反逆』で、大衆というものを「他人と同じことを苦痛に思うどころか快感に感じる」人たちと規定したけれど、大衆が押し寄せるようになったら、そのまちはおしまいなんです。大衆って、そのまちに住んでいない人たちですから。

事実、大衆がやって来るようになってから、吉祥寺の商売のやり方が変わりました。商店主にとって、歩の悪い商売をコツコツとするよりも、店を又貸しした方が効率的だ、ということになってしまったんです。商売の売り上げじゃなく、賃料の方が魅力的になってしまったんですね。賃料を目的に又貸しをするなら、安定した収益が見込める大手フランチャイズの方がいい、となりますよね。自分たちで商売をしない商店街というのは、本当に問題だと思います。

もう一つ、市場研究家の三浦展さんからインタビューされた時に、僕は吉祥寺をつまらなくしたものとして、雑誌の「Hanako」を挙げました。あれに特集されたら、まちはかなり危ない。雑誌を片手に、載っている店を渡り歩きましょう、ってまちを消費することだから。まちに住んでいる人とは、全然関係のない行為ですよね。

そのような考え方をする僕は、アトリエ派の建築というものにも魅力を感じないんです。アトリエ派の人たちって、建築を芸術文化として語るでしょう。「てっちゃん」を隈さんにお願いする時も、少し心配でした。第一、あちらは背の高い東大出で、こちらはチビでデブの商売人で、二人が組んだら、取り返しのつかない空間論になると思った。でも、大雪の日に約束をすっぽかしもせずにやって来る情熱、というか変人性に、共感を覚えました。

歌舞伎座の建て替えにも関わって、東京中央郵便局のそれにも関わって、という隈さんは、闇市の延長の空間にある焼き鳥屋に建築の等価性を見出した。僕の知り合いで、再生資源を取り扱う「ナカダイ」の中台澄之《すみゆき》さんを紹介したら、喜んで廃材を使っていた。そういうスタンスの軽さが、他のアトリエ派の建築家と違うのではないかな。そもそも隈さんは人に嫌われない人ですよね。

隈さんを見ていると、「この人は『建築家』を起業しようとしているんだ」って思います。決して一つの成功にとどまっていない。少し前から若い世代の間で起業が流行っているでしょう。その点でも前衛的。僕も常に先端にいたいから、そこに仲間意識を感じます。あれ？「空間論」じゃなくて「隈論」になってしまいましたね。

東京における「木造」の価値を再確認した

清野　隈さんと手塚さんは、「前衛の変わり者」という点で、一脈通じ合っていることが分かりました。付け加えますと、手塚さんのイメージは、ご自分がおっしゃるようなチビでデブではありません。生真面目な青年のような七十代でした。

隈　僕から付け加えることは、ほとんどありませんが、東京論に結びつけていうと、「てっちゃん」の設計を通して、東京における木造の価値を再確認できたと、僕は思っています。ハモニカ横丁は、全体がいまだに木造建築のスケール感、質感を残していることが決定的に重要です。

清野　ハモニカ横丁に限らず、日本各地を旅すると、木造バラックの市場がまだまだたくさんありますよね。あの空間を見つけると、ついふらふらと入ってしまう。何であんなに魅惑的なんだろう。

隈　木造、しかもボロい木造は、日本人の原風景ならぬ「原建築」なんですよ。歴史的に見れば、日本の都市は江戸時代まではすべて木造でした。それも「小径木《しょうけいぼく》」と呼ばれる十センチ角内外の断面寸法で、二間（三・六メートル）内外の長さしかない細く短い材を、だましだまし組み立てながら、柱が不規則に配置された、イレギュラーでフレキシブルでゆるい空間を作ってきたんです。僕らが木造住宅の柱として見慣れている、あの寸法が小径木です。

清野　そうか、あれが小径木なのですね。といっても、2×4《ツーバイフォー》工法のプレハブの普及で、それすら分からない人たちも増えていると思います。もちろん私も含めて。

隈　本来、日本の都市は石も煉瓦もコンクリートも必要としなかった。小径木だけで構成するということで、山の環境保全システムと建築システムがつながっていたんです。

小径木なら特別な森林でなくても簡単に手に入れられます。自動車や鉄道などの輸送手段が登場する以前にも、山から伐《き》り出して、近くの都市へ運搬することができました。そうやって、小さな木＝小径木を媒介にして、山は日常生活の延長となり、山と都市とが一体となって、持続可能な環境システムを作りあげていた。小径木文化こそが日本文化であり、日本は小径木によって、サステナブルな社会を作ってきたわけです。

清野　ただ、二〇一六年の糸魚川《いといがわ》大規模火災が我々の記憶に新しいように、そこには常に火事というリスクがあったと思います。

隈　僕らが愛する木造の唯一の敵が火災でした。江戸は数十年ごとに大きな火災に遭遇し、多くの木造家屋を焼失させました。でも、その度に「小さな木」のシステムが驚くべきスピードでまちを復興させ、新たな生活を再スタートさせてきたんです。極論すれば、火災こそが都市の更新をうながしていた、ということもできる。江戸時代のまちは、火災をも取り込んで、ゆっくりと循環していた。東京の原型となるまちは、しぶとかったんです。

清野　しかし「小さな木」が持つサステナブルなシステムは、戦後の都市から一気に姿を消しますよね。それはなぜだったんでしょうか。

隈　関東大震災と第二次世界大戦による焼失が、国民全体の大きなトラウマになったからです。そこから、建築の法規をはじめ消防法などもすべて、都市から木を排除する方向に進められていきました。日本建築学会ですら一九五九年に、「防火、耐風水害のための木造禁止」という驚くべき決議を発したんです。この決議の直前に伊勢湾台風という大きな自然災害があり、それによって木造の家がたくさん流されていて、タイミングとしては最悪でした。大きな自然災害を前に、建築界の人間が「これは大変だ」「木はダメだ」という考えになだれを打ってしまったんですね。僕の恩師の内田祥哉《よしちか》先生は、日本の建築工法研究の泰斗《たいと》であり、伝統的な木造工法にも通暁した方です。内田先生は後に、日本建築学会の会長も務められましたが、九十歳を超えた今でも、いまだに「あの決議は日本の建築にとって、きわめて残念なことだった」とぼやいています。

清野　自国の原建築である木造を否定した裏には、欧米に追い付け、追い越せという意識も大きかったのではないでしょうか。

隈　欧米へのコンプレックスも、もちろんありました。他国、他地域へのコンプレックスによって、日本がいかに大切なものを失ってしまったか——。それを知ることができる場所が、ハモニカ横丁なんです。歌舞伎座がパリのオペラ座（ガルニエ宮）に負けないくらいに世界に誇れるものであることは当然として、それとはまた違う次元で、ハモニカ横丁の「小さな木」の継承は世界に類例がない。

清野　どういった点で類例がないのですか。

隈　ここでは「小さな木」のシステムが、人間の生活という、多様で猥雑《わいざつ》で予測不可能なものを全部呑み込み、昇華し、コンクリートでは絶対に達成することができない、温かくて、心地よい空間を保持し続けています。

戦後七十五年を経て、高度成長も、バブル経済も、不景気も震災も経て、戦後闇市的なスケール感が、いまだにこの大都市の中に残っていたことは奇跡に思われます。その意味で、ハモニカ横丁は、現代の聖地。このハモニカ的なるものを、骨董《こっとう》としてではなく、日常の当たり前として、東京の中に回復することが僕の夢です。

清野　なぜ、ハモニカ横丁がJR吉祥寺駅前というロケーションに残ったのか。それは、この土地の持ち主が月窓寺であるということが大きいですね。その点では特殊事例といえます。

隈　戦後に何度も再開発計画が立ち上がったんですが、借主の権利関係が複雑過ぎて、意思統一がまったくできなかった。そんなアンラッキーが、時代を経てラッキーに転じた例です。バラックのアーケードは、防災、防犯面で懸念があるのですが、今では武蔵野市が二十四時間体制でパトロールを組んだり、北口駅前広場に大きな貯水槽を設置したりして、ハモニカ横丁の存続をサポートしてくれています。

被災地に作った、木造長屋の商店街

清野　隈さんは「ハモニカ横丁」的な方法論を、東日本大震災の復興に使っていますね。

隈　コンクリート建築の脆弱《ぜいじゃく》性については、ことあるごとに発言していましたが、東日本大震災を経験して、コンクリートの建築とはこんなにも脆かったのか、と再び痛感しました。

清野　隈さんは、宮城県では石巻市に「北上川・運河交流館　水の洞窟」（九九年）、登米《とよま》町《まち》（現登米《とめ》市）に「森舞台／登米町伝統芸能伝承館」（九六年）を設計されていたので、被災地とは縁があったのですよね。

隈　東日本大震災の直後から、復興に携わりたいと強く思っていました。ただ、スタンドプレー的にはやりたくなかった。復興のための建築が、建築雑誌に取り上げられる必要なんて、まるでない。復興という錦の御旗《みはた》を使って、地元の人が少しも喜ばないような「アート建築」を作るやり方は、ちょっと違うと思っていました。

石巻に僕が作った運河交流館の建物は、海から五キロも離れていない運河沿いにあり、周辺の地盤が液状化する中で、建物だけは奇跡的にダメージを逃れました。それを、この目で確認できたのは震災から三週間もたった後でした。津波でまちがすっかりなくなってしまった様子を見たら、「作品」というアートを残してもむなしいな、という思いがます

「南三陸さんさん商店街」

ます強まりました。

清野　隈さんは宮城県南三陸町《みなみさんりくちょう》で商業施設「南三陸さんさん商店街」を設計されました。

隈　現在の「南三陸さんさん商店街」は一七年三月に開業しましたが、もとは一一年、震災の一カ月半後に開催された復興市が発祥で、一二年二月にプレハブの仮設商店街として立ち上がったものです。その時は、建築物資が欠乏している中で、既製品のプレハブをベースに、スノコ板の天井を足したり、のれんをかけたりして、間に合わせ感、バラック感が満載。それがかえって人気を呼んで、周辺の住民や観光客たちがたくさん集まりました。

清野　それは隈さんの建築だったのですか。

隈　いえ、違います。被災の混乱の中から、地元の方たちがローコストで立ち上げた仮設の商店街でした。その後、高台で本設のさんさん商店街を作ることが決まって、僕にお声がかかったんです。お隣ともいえる登米町で、僕が木造で作ったローコストの能舞台「森舞台」を、南三陸の佐藤仁町長[*4]が覚えていてくれたんですね。

清野　一七年に開業した本設のさんさん商店街は、木造の長屋が六棟にわたって連なる配置で、バラック的。そこに海産物屋、かまぼこ屋、海鮮丼屋、スイーツ店などが並んでいます。町役場によると、開業一年目に六十五万人、二年目に六十万人の来場者がありました。南三陸町への観光客数は、震災前の百八万人（二〇年）が、一八年に百四十四万人に増加していますが、さんさん商店街が、その核になったことは間違いありません。

安っぽさをハードでどう美しくするか、それが建築家の力量だ

隈　さんさん商店街を通して、僕は一つの建築的な結論を得たんです。すなわち、建築と

はハードのことである、と。

清野　気のきいた建築家はこれまで、むしろ「建築はハードではなく、ソフトだ」なんてことをいってきましたが。

隈　土木が主流の土建国家日本では、そういういい方の方がカッコよく思われたんだけど、南三陸の仮設商店街を見て、僕はボロボロなハードそのものがカッコいいと、再確認したわけ。ハードのボロさがあるから、ソフトがそこにうまく乗って来れるんです。

清野　隈さんのいう「ボロボロ」は、文字通りのボロボロではなく、「侘《わ》び」「寂《さび》」につながるようなボロボロでしょうか。

隈　ボロさと「侘び」「寂」は、確かに近いところがあります。ただ、過去も今も、「侘び」「寂」を売りにする建築がいろいろと登場していますが、それはボロボロ感をソフトとしてとらえていること。僕はボロボロをハードそのものとしてとらえたんです。たとえば、さんさん商店街で大量に使った塩ビの波板って、安っぽいよね。

清野　安っぽい。

隈　安っぽいはずの素材で、いかに力強く美しいハードとして結晶するか。それが建築家の力量だと考えたんです。

清野 「安っぽい」と「美しい」は、従来の通念では反する意味を持ちますが、そこを転倒させる。隈さん好みのやり方です。

隈 建築家として自己主張をしていないわけではなく、自分なりの計算をきわめた上で、空間を作り込んでいるんです。それ以前に、仮設商店街を高級建築にする必要なんて全然ない。そもそも予算がないのに高級を目指すと、本当に貧乏くさくなる。だから、ここでは逆に開き直ろうと思いました。そこで、一番安い小径木と波板を使ったんです。

清野 隈さんのお気に入りである小径木が出ましたね。

隈 プレハブ的なもの、仮設的なものって、安物の代表とみなされる向きがあるけれど、デザインによって、それらから生き生きとした面白さを発することができます。その種の逆転した面白さを発することができれば、商店街としても成功だと考えました。そう考え抜いた上で、ボロさをきわめていくんです。たとえば塩ビの波板を横桟《よこざん》から何センチぐらい出せば、軽やかさが出るか、なんてことを、現地で原寸のモックアップ（試作模型）を作りながら考えて、デザインを決めていきました。

清野　当初、南三陸町ではショッピングモールの導入などが検討されたといいますが、被災地は全体に人口減少も進んでいて、採算性がまったく見込めなかった。そこから隈さんとの関係が始まったと、町役場でうかがいました。当初はボランティアベースでお引き受けされたそうですね。

隈　僕が復興に携わりたいと思ったのは、アート建築を建てて、復興のシンボルにするという、今までの建築家の関わり方ではなく、そこで継続する楽しいまち自身の、リアルな「画」を描きたいと思ったからです。モニュメンタルな建築も否定しないけれど、点だけでは将来は描けません。南三陸町では「海を忘れない」という基本理念を町長や町役場の方たちが持っていたし、その前に将来の生活や商売に対する危機感が半端なくありましたので、通じ合うことができたと思います。

コスト意識がない建築家は社会から排除される

清野　震災後に被災地では、未曾有の土木工事が発生しました。海辺に設けられた防潮堤が筆頭ですが、そこには再び、おびただしい量のコンクリートが投入されました。震災でコンクリート建築の脆さが露呈された、と隈さんがいくら発言されたとしても、その点は変わっていません。

隈　むしろ強化されてしまいましたね。

清野　土木畑の先生たちと、東日本大震災の各被災地を回った時、隈さんや坂茂さんら、有名な建築家の建物をいろいろ見ました。それぞれ地域に希望を与える建築だと思いましたが、それでも都市復興や地域再生で発言権を持っているのは、相変わらず土木の方々です。「なぜ、災害復興で建築家は前面に出られないのですか?」と、一緒に行った土木の先生方に聞いたら、「だって建築家は予算を持って来られないじゃない」と、冷笑的なトーンでおっしゃっていました。それって本当ですか。

隈　お金を持って来られないという以上に、建築家を入れると、デザインで面倒くさいことをいって、お金が余計にかかる。そういうことだと思います。建築家って、国の土木予算を持って来られないだけじゃなくて、無駄なお金を使う、経済感覚のない人たちだと建設業界では思われているから。

清野　デザインのクオリティがまちづくりの重要なファクターになること、そして、建築家の存在はそれに貢献すること。そのような意識は、商業施設を筆頭に、日本各地でずいぶん広がってきたと思いますが。

隈　でもね、我が身を置く建築家業界の反省をいわせてもらえば、やっぱり、僕たちは下手に声をかけると無駄なお金がかかると認識されている。設計・施工一括方式で仕事を取りたいゼネコンや大手設計事務所が、建築家は高いというキャンペーンを張っているところもあるし。

清野　建築家にはコスト意識がないですか？

隈　一般的にはないですね（笑）。

清野　ただ私は、以前からコスト意識にとらわれていた隈さんを見ています。「六本木ヒルズ　森タワー」ができて、批評のために見学に行った時、「そうか、超高層ビルはアルミの代わりにプレキャストコンクリートを使えば、建設費はかなり節約できるな」とか何とか、「そこかい⁉」ということを、いっぱいおっしゃっていました。

隈　建築家は現実ではみんな、コストで苦労していますよ。だけど、それをいわないでアーティストの振りをすることが、業界の慣例です。まち全体での損得を、利害関係者とビジネスパートナーの視点からとらえて、最適な解を出そうとする姿勢も薄い。基本的に、コスト以上にデザインが大事だ、というイデオロギーに染まっていて、結果として社会から排除されているんです。

清野　そこまでいいますか。

隈　たとえば一二年のロンドンオリンピック・パラリンピックは、オリンピック関連の建物を、住環境に問題があった都市の東部に集中させて、それによって周辺の再開発と、地域活性化を進めました。

清野　ロンドン以降、オリンピック建築では「レガシー（歴史的遺産）」「継承」という言葉が流行りましたね。

隈　ロンドンでは計画の段階から、オリンピック開催後の再利用の道筋が描かれていました。メイン競技場の「ロンドン・スタジアム」はその後、サッカー・プレミアリーグに所属するチームのホームとなり、ほかにラグビー、野球、陸上の国際競技場として活用されています。なぜ、それが可能だったかというと、ロンドン市長の建築アドバイザーとして、LSE（ロンドン・スクール・オブ・エコノミクス）教授のリッキー・バーデットが計画策定に参加したことが大きい。

清野　経済学者が建築のアドバイザーを務めたということですか。

隈　そうです。アーバンデザインとは、リッキーのようなデザインと経済の両方が分かる学者が参加することで、社会の中で機能するようになるんです。海外の都市計画や建築プロジェクトでは、建築、都市計画、経済の三点が自然に連動していますが、日本ではそれぞれが縦割りになっています。建築家は、その縦割りの中で建築だけを考えて、コスト意識を持っていないんだから、災害復興にしても、都市再生にしても、排除されるのは、ある意味では当然の結果だな、と思いますね。

清野　隈さんは「ボロボロ」「木」「横丁」といった言語で、そこを突破しようとしていますが、それは素材へのこだわりだけでなく、コスト意識とも一体なんですか。

隈　僕の中では、ずっとコスパの実験が続いています。実はバブルの象徴として、さんざんな悪評にさらされた「M2」も、あの時代のボロさを僕なりのやり方で追求したものでした。でも、それ、なかなかクライアントにも、世間にもいえなかったですね。僕としては、すごくポジティブにコスパを追求しているのですが、「ボロさ」なんていうと、ネガティブに聞こえてしまう。でも、バブル時代から三十年たって、「てっちゃん」や「南三陸さんさん商店街」でやっとうまくいった。ボロさを経済につなげる手応えをつかみました。

清野　二一世紀に主流になったリノベーション建築では、日本だけでなく、世界的にボロッとした親近感をモチーフにする例が増えています。その流行以降、あまりにスタイリッシュだと、古くさくて野暮で、アタマが悪い建築に見えてしまうようになりました。

隈　その通りなんです。アメリカ発祥の「エースホテル」のデザインが代表的な例ですが、今では高級ホテルでも、ロビーをコワーキングスペースにして、ストリートの一部として、わざとがちゃがちゃに、ボロさを出して作っています。

清野　いつか「侘び」「寂」に「ボロみ」が加わって、新しい美意識として定着するかも。

隈　ボロみこそが先端で面白い、という時代になっていることは僕の中では確かなんです。

清野　でも、やっぱり隈さんに建築をお願いする時は、すごく予算がいるのでは？

隈　問題は予算ではないんです。今はそれこそSNSで世界中に情報が行き渡っているので、思わぬところから依頼が来ます。この間はジンバブエの人から、「プレハブで小学校校舎を作りたい」という依頼があって、ぐっと来ました。

清野　受ける基準は？

隈　ハートです。

清野　……って？

隈　メールの文面やアプローチの仕方で分かるんです。自分たちが当事者として課題を何とかしなきゃ、という動機を持っていて、自分たちだけじゃなくて、他者や社会のためになろうとしている人。そういうことを考えている人は、心のこもった文面で、直接、僕にぶつかってきてくれます。「てっちゃん」は、まさにそういう仕事でした。

註1　ハーモニカ横丁（**通称「ハモニカ横丁」**）評論家の亀井勝一郎の命名といわれる。クライアントの手塚一郎はハモニカ横丁で展開する店舗のデザインに、インテリアデザイナーの形見一郎（「ハモニカキッチン」「フードラボ」「モスクワ」「ポヨ」「エイヒレ」「アヒルビアホール」）、建築家の塚本由晴（「エプロン」）、隈研吾（「てっちゃん」）らを起用。闇市由来の空間に洗練されたデザインを入れ込むことで、横丁の混沌《こんとん》はさらに増した。

註2　hym（ハモニカ横丁ミタカ）　JR三鷹駅前の元パチンコ店を改装。ハモニカ横丁を三鷹にも出現させるとして、焼き鳥屋、寿司屋、スタンドバー、日本酒バーなどを屋台のように配置している。二〇一三年に隈研吾建築都市設計事務所に在籍したこともある建築家の原田真宏が内装デザインを担当。一七年に隈研吾が外観と家具をリノベートした。

註3　湯村輝彦　一九四二年生まれ。多摩美術大学卒業。元祖ヘタウマのイラストレーターとして有名。とりわけ一九七〇、八〇年代に糸井重里らとともに出版界、広告界で目覚ましい活躍を見せた。

註4　佐藤仁　宮城県南三陸町長。一九五一年生まれ。二〇〇五年、南三陸町長に就任。三・一一を経て現在四期目を務める。

第五章　池袋——「ちょっとダサい」が最先端

渋谷の「垂直都市化」は世界標準をはるかに超える

清野　東京2020の開催決定をきっかけに、渋谷、新宿、池袋の三大ターミナルエリアでも、都市再開発が促進されました。中でも超高層タワーが林立する渋谷が派手で、何かと目立っています。

隈　大倉山で育った僕にとって、渋谷は「ホーム」のターミナル駅なんですよ。

清野　東京の人は住んでいる沿線によって、渋谷、新宿、池袋などと「シマ」が決まっていきますよね。私も隈さんと同じく東急沿線育ちですので、渋谷が「ホーム」。子どものころ、井の頭線ガード下の店で買ったハーシーチョコレートのおいしさに頭がしびれたこと、そのガード下の暗がりにたたずむ傷痍《しょうい》軍人の姿に、つらい気持ちになったことは、今も記憶に鮮明です。昭和の高度経済成長の時代でも、渋谷には戦後の匂いがまだ濃厚に残っていました。その暗くセピア色をしていた渋谷は、平成から令和の低成長時代に、鉄とガラスのぴかぴかな垂直都市へと超変身中です。

隈　渋谷は東横線が地下鉄副都心線とつながってしまったから、厳密にはもうターミナル駅じゃないんですけどね。あの、東横線終点の眺め――坂倉準三[*1]がデザインしたカッコいいディテールを持つカマボコ屋根の下に、四列の線路が並ぶ風景は、僕にとっても重要な原風景だったからなあ。

清野　そういう隈さんは、二〇一九年一一月に完成した超高層ビル「渋谷スクランブルスクエア（東館）」の設計に、デザインアーキテクトとして参加されました。地上四十七階、地下七階で、渋谷一高いビルです。

その真向かいにある「渋谷ヒカリエ」八階の「d47食堂」は、壁面が大きなピクチャーウインドウになっていて、そこから渋谷の変貌が手にとるように――というか、額縁に入れたように分かります。東横線のターミナル、東急百貨店東横店、その建物に吸い込まれていく地下鉄銀座線など、馴染みある光景が徐々に消えていく様子を、私は惜しみながら定点的にウォッチしていました。

今、目の前には、隈さんがデザインされたスクランブルスクエアの近未来的な眺めがあります。壁面がぐにゃりと曲がったガラスのビルで、景色の変貌ぶりは魔法のよう。もはや時間軸もあやふやならば、自分がどこにいるのかも分からなくなっています。

隈　中国、東南アジア、南米と僕も飛び回っていて、記憶が混じり合って、時々自分がどこにいるか分からなくなることもあるけれど、その中でも、渋谷の実験性は飛び抜けてますね。

清野　渋谷の「垂直都市化」は、この街の無国籍化であり、グローバリズムの果ての光景だと思います。

隈　果てというか、単体のビルという枠組みを抜けられないグローバリズムの退屈さを、ここは超越しているといっていいんじゃないかな。鉄道と道路インフラの複雑さを解くために、渋谷はアジアや中東の、自分のビルだけ目立てばいいという古くさいグローバリズムを超えることができたと僕は思います。その点においては、渋谷の再開発は世界標準をはるかに超えています。

清野　そんなにすごいことかな、という疑問が私にはありますが、ただ、複雑なインフラの解き明かしという、大きなチャレンジはありますね。渋谷駅はすり鉢状の地形の底部に立地しています。そのため、ＪＲ線、東横線、地下鉄の改札口が地下三階から地上三階と、ガタガタに配置され、アクセスは迷路化して、「魔宮」と称されるほどでした。その魔宮に回遊性を与えるために、再開発ではランドマークとなるビル群の地下から地上低層部にかけて、「アーバン・コア」という縦の動線機能を入れました。これは、エレベーター、エスカレーターを駆使することで、信号待ちや遠回りをせずに、目当ての場所に行けるという画期的な仕組みです。

隈　そうでしょ。

清野　ただ、それらランドマークビルのネーミングが、「渋谷ヒカリエ」「渋谷キャスト」「渋谷ストリーム」「渋谷ブリッジ」「渋谷スクランブルスクエア」「渋谷フクラス」「渋谷マークシティ」と来た日には……。自分がどこにいるのか、ますます分からなくなってしまいます。

隈　一連の再開発を主導しているのは東急電鉄ですが、あれだけの複雑なインフラ構造を前に、あえて再開発にチャレンジして、一気に誰も見たことがない連鎖反応を実現した東急はすごいな、と僕は素直に感心します。

清野　ホームターミナルへの贔屓も含めて語ると、確かに東急は電鉄系の企業体として異例の構想力を持っています。創業者の五島《ごとう》慶太は、西武鉄道の創業者、堤康次郎《つつみやすじろう》とよく比較されますが、ビジョンの強度でいえば、東急がダントツに上でしょう。

隈　ビジョンとは危機を察知する感度でもあって、それぞれの時代環境の中で、東急は鉄道事業だけでは先はない、という危機感をちゃんと保ってきた。それがなかったら、電鉄会社が渋谷の超高層都市化などという、投資リスクの高いことはやらないです。普通のデベロッパーというのは、単体の敷地、単体のビルで利益をあげることしか考えられないんだけど、電鉄会社というのは沿線全体という大きなフレームで考えることができるから、本当の意味でのまちづくりができるんですよね。

清野　関西でいうと、小林一三《いちぞう》による阪急電鉄沿線の開発ですね。阪急は宝塚歌劇団[*2]という、世界に類のない強力なソフトまで作り上げました。

隈　日本人は気付いていないけど、電鉄会社主体の都市開発は、世界にも例のないすごいことなんですよ。

清野　東急電鉄の社員の方がお書きになった『私鉄3・0』（東浦亮典《とううらりようすけ》・著、ワニブックス、二〇一八年）という新書が、東急の沿線開発のビジョンを知るのに分かりやすくて面白いんです。田園調布から始まり、昭和時代の田園都市線の開発を挟んで現在に至るまで、会社自体に一貫した開発の哲学があり、トレンドとともに文化を作り出す力がある。東横線の主要駅の一つ、武蔵小杉でタワマンの建設ブームが起きた時も、それが果たして都市にとっていいことなのかと、あえて距離を置いた。目先の利益に飛び付かない、大人の判断力を持つ企業が、リスクを負って攻めた時、都市がどこまで変化できるのか。渋谷は、そのショーケースといえましょう。

タカラヅカが池袋にやって来た!

隈　それで、こんな前振りの後ですが、僕は池袋のすごさを語りたい。

清野　おっと、ここで変化球が来ました。池袋駅は、一日乗降客数が二百六十八万人。JRでは新宿に次いで全国二位、私鉄と地下鉄では全国一位の巨大ターミナル駅です。しかしながら、池袋には渋谷の持つ華やぎ、都会感は乏しく、新宿のように、すべてを呑み込む貪欲なパワーにも欠けている。隈さんは池袋にどのような思い入れがあるのでしょうか。

隈　僕が今、暮らしている神楽坂って、池袋への距離感が近いんですよ。実際、神楽坂から池袋方面に遊びに行くことはよくあって。

清野　西麻布とかではなくて。

隈　そっちじゃなくて、池袋界隈に飲み屋とかレストランとか何軒か好きな店があって、雑司が谷方面から首都高速の高架下に至る街並みの、あの雑踏の感じがいいと、ずっと思っていたんですよ。池袋では昔、うちの子どもが不良にカツアゲされて泣いて帰ってきたりしたこともあったんだけど（笑）。

清野　どこで？　高架下ですか？

隈　首都高速の下の暗いところ。息子が高校生のころだから、もう二十年ぐらい前ですけど。

清野　池袋においては、全然意外ではないです。何しろダークなヒーロー、ヒロインが躍動する『池袋ウエストゲートパーク』*3の舞台ですから。

隈　行政的には望ましくないかもしれないけれど、街の魅力というのは、そういうダークな部分と裏腹なところがあって。だって、「サンシャインシティ」は、もとは巣鴨《すがも》プリズン*4があったところでしょう。西口は戦後の闇市があったところだし、北口にはビル街のチャイナタウンができている。ともかく池袋はそういうところが面白いなと、僕は思っていたんです。

清野　マイナーでは全然ないエリアだけども、メジャーともいい切れない。池袋は一九八〇年代に堤清二率いるセゾングループによるカルチャー発信拠点でもありましたが、それが根付かぬまま、バブル崩壊で当のセゾンが失速。同じ八〇年代にユーミンの歌が世間を席巻した時も、彼女の世界観とはほぼ無関係でした。ただ、隈さんは、そういう街の方がいい、と。

隈　今はおしゃれな街よりも、おしゃれでない街の方が将来の可能性は大きいと、常々思っていたところに、東池袋の立地に移転新築する豊島区庁舎のデザイン監修の仕事を頼まれました。それが二〇一〇年。この街は絶対に大化けする、とポテンシャルを感じていたから、喜んで取り組んだら、予想以上にすごいことが次々と起きていきました。

清野　そうなのです。隈さんが読んだ通り、渋谷が派手に再開発を繰り広げる一方で、ここに来て、池袋の攻めの姿勢が際立ってきました。それも投資力のある民間企業ではなく、豊島区という一特別区の行政主導です。区庁舎の移転新築を皮切りに、同区は二〇一〇年代から池袋駅圏内で、「Hareza（ハレザ）池袋」の建設や、サンシャインシティに隣接する造幣局跡地での広大な防災公園の整備、電気バス「ＩＫＥＢＵＳ（イケバス）」[*5]の運行、トキワ荘の復元である「トキワ荘マンガミュージアム」など、まちづくりプロジェクトを二十件以上も同時進行させてきました。

隈　東京２０２０が節目になったとはいえ、行政がこの件数のプロジェクトをハード、ソフトともに主導して、しかもその理念が時代を先取りしている例は見たことがないです。

清野　二〇一九年度のまちづくり総事業費は四百六十億円と、特別区の予算編成としても異例です。それら一連のプロジェクトの目玉が、東口の「ハレザ池袋」です。豊島区の旧区庁舎が建っていた跡地の再開発で、地上三十三階、地下二階の超高層ビル「ハレザタワー」と、メインホールの「東京建物 Brillia HALL（ブリリアホール）」が入るホール棟と、「としま区民センター」の中層棟二棟による三棟を新築。隣接する「中池袋公園」と道路を合わせて整備したもので、豊島区一世一代の勝負といわれています。

ハレザ池袋には大小のホールが八つも設けられていて、「東京建物 Brillia HALL」では、一九年一一月の柿落《こけらお》とし公演の一つが宝塚歌劇でした。難攻不落の宝塚をよくぞ持ってきた、それもなんと池袋に、とファンの間で話題騒然でした。

隈　宝塚歌劇を上演するのって、ハードルが高そう。

清野　まず出演者の数が多いし、衣装や舞台装置が絢爛《けんらん》豪華。普通の劇場は四トントラックが横付けできればいいそうですが、宝塚歌劇を上演するには、十一トントラック二台が必要になる。その搬入口をはじめ、通常よりも広い楽屋や廊下なども必須で、設計を何度も手直ししたと聞いています。女性トイレの数も思いっきりがよくて、ホール棟と、隣接する「としま区民センター」の二、三階に合計七十七室が設置されました。幕間の女性トイレの行列は、宝塚歌劇の風物詩でもあり、ファンは劇場のトイレ事情に厳しいですからね。

隈　公共施設とはいえ、駅前の一等地に収益性ゼロのトイレを持ってくるという発想が、飛んでいますよね。

清野　池袋はコスプレイヤーたちが集まる街でもあり、トイレには男女ともに、着替えのブースやメイクスペースがついています。メインホールは東京建物の冠ですが、トイレには花王の協賛をしっかりつけていて、豊島区は商売も上手です。

ハレザ池袋がある池袋駅東口は、駅前の明治通りがＪＲ池袋駅と街を遮断し、駅前活性の阻害要因になっていました。今後は自動車の動線を東池袋方面に移し、現在の明治通りを完全に歩行者空間化して、グリーン大通りからハレザ池袋、サンシャインシティ方面に至る「面」に街を拡張する計画になっています。

タワー型（垂直）の渋谷、スクエア型（水平）の池袋

隈　今、世界の都市再生では「ウォーカブル＝歩けること」がキーワードになっていて、その象徴的な成功例がニューヨークのブロードウェイです。〇九年に市の交通局が歩行者天国に転換したところ、エリア内の交通事故が激減して、タイムズスクエアが国際的な広場として機能することになりました。成果が劇的だったので、今もブロードウェイは歩行者天国が続いています。同じくニューヨークの「ハイライン」[*6]の再開発も歩行者を主役にして大成功しました。二〇世紀の都市は車優先だったけれども、二一世紀にその発想はもう時代遅れという認識が、世界の潮流です。池袋がその流れをとらえているのはうれしいですね。

清野　地方の行政が駅前活性化に取り組むと、超高層ビルを建て、道路を拡幅し、その結

果、さらに街が空洞化して沈んでいく、という悪循環の土建パターンがあります。ですが、池袋ではその誘惑を振り切って、「文化」の方向にぐっと舵《かじ》を切りました。池袋駅西口では件《くだん》の「池袋西口公園（ウエストゲートパーク）」が、円形の野外音楽堂にリニューアルされ、無料の屋外ナイトクラシックコンサートが催される場になっています。

隈　それもまた、すごい変身ぶりですね。西口には東京都による「東京芸術劇場」がありますが、あの建物は僕の恩師の一人、芦原《あしはら》義信先生の設計。街から孤立していて、先生もかわいそうだなって、実は同情していましたが、これから回遊性が出てくるでしょう。

池袋も渋谷も、「ミッドタウン」や「ヒルズ」ブランドの都市開発に代表される、都市の中に孤立した「島」を作るという考えを超えているところが面白いですよね。デベロッパーは、敷地をいくつかまとめて「島」までは作ることができるけれど、それを「街」にまで拡大することはできない。それこそが九〇年代以降の世界のグローバリズムの限界だったんだけれど、ここに来て、渋谷と池袋とが、限界を楽々と超えた。電鉄会社と東京特別区の区長という、世界的に見てもユニークなポジションとシステムがそれを可能にしたともいえます。

清野　渋谷が東急電鉄によるコマーシャルな垂直開発モデルである一方で、池袋は公共（パブリック）の要素を前面に打ち出した水平的なモデル。スタンフォード大学の碩学《せきがく》、ニーアル・ファーガソンが著した『スクエア・アンド・タワー』（柴田裕之・訳、東洋経済新報社、一九年）は、文明史をたどりながら、人間の意思決定を、権力的な階層性を表す「タワー（塔＝垂直）」と、インターネット的な分散ネットワークを表す「スクエア（広場＝水平）」に表象しています。このシンボル化は、都市形態そのものでもあり、渋谷はタワー型、池袋はスクエア型と対比することができます。

隈　スクエア型はＩＴ革命以降の形態ととらえられがちですが、ヨーロッパの街は中世以来、塔（タワー）と広場（スクエア）の二つを核に発展してきました。だから、水平的なネットワークは、何も今に限ったわけではありませんし、都市にはどちらの要素も必要です。

渋谷はタワーベースだけど、タワー同士がぐにゃぐにゃとつながっていくわけで、僕がデザインを提案したスクランブルスクエアでは、ぐにゃぐにゃの壁面がその隠された水平性を象徴してるともいえる。池袋はスクエアベースだけれど、豊島区庁舎の上部のタワーみたいに、タワーの分譲マンションをビジネスのエンジンとしてうまく使っているから、今までのタワーとスクエアの対立を超えて、両者が相互補完的になったともいえる。

清野　資本主義が急激に発達した二〇世紀にコルビュジエは、タワーの方のモデルを極端に発展させて、超高層ビルによる「輝く都市」を提唱しましたよね。

隈　彼の理屈は、「都市に緑地を確保するために」超高層を建てるというものでしたが、本音をいえば、二〇世紀はタワーを建てることが、儲けられることだった。ところが二一世紀になって、タワーの儲けだけでは、やっぱり人は幸せになれないと、みんなが気付いて、そこでまた広場にトレンドが振れてきているんです。

清野　中国、東南アジア、中東ではタワー型の都市開発が主流ですが、北欧やオランダなど、まちづくり先進国の都市計画はスクエア型ですね。

隈　いずれにしても、タワー型が持つ「上から目線」に、みんなが疑問を持つようになっていることは確かです。

木賃《もくちん》アパートとタワマンの〝マリアージュ〟

清野　池袋で、この水平的なまちづくりプロジェクトのきっかけとなったのが、地下鉄

「東池袋」駅直結の立地に一五年に誕生した一棟のタワーでした。これこそが新しい豊島区庁舎「としまエコミューゼタウン」であり、隈さんがデザイン監修をされたものです。地上四十九階、地下三階という鉄、ガラス、コンクリートの超高層ビルではありますが、緑があしらわれたパネルが幾何学的に並ぶ外壁が、ちょっと不思議な温度感を街にもたらしています。

隈　外壁のパネルは「エコヴェール」と呼ばれる環境調整パネル（緑化、太陽光発電、リサイクル木材）で、豊島区庁舎のためにランドスケープデザイナーの平賀達也さんと開発したものです。豊島区庁舎の移転新築プロジェクトは、区役所とタワーマンションを合体させるという前代未聞のスキームでした。つまり、豊島区が地権者の権利などを整理した敷地に、民間が分譲のタワマンを建てる。それによって超高層ビルの建設資金をまかない、その一階から十階に権利床を持つ豊島区が入る、という前提から始まった。東池袋は池袋駅前から歩いて七、八分ほどの距離ですが、もともと商店が少なく、スカスカした一帯でした。この場所で、区庁舎とタワマンという、パブリックと私有の空間をどう融合させるか。地権者、豊島区、区民ら利害関係者が多岐にわたるスキームを、建築的にどう成立させるか。それがデザイン監修者としての僕の責任でした。

清野 これまでの対話でもたびたび出てきましたが、「マンション」は都市・東京をダメにした張本人であると、隈さんご自身が常々規定してきたものでしたが。

「としまエコミューゼタウン」

隈 正確にいえば、集合住宅が悪いわけじゃなくて、日本における集合住宅の建て方、都市に対する閉じ方が問題だといい続けてきたわけです。だから、マンションを全否定しているわけでは全然ないし、矛盾から逃げるつもりは毛頭ない。たとえば僕らの上の世代である団塊世代の建築家は、自分たちのアイデンティティを「反・既製社会」というところに置いていたから、そもそもデベロッパーが悪だ、マンションは悪だ、みたいなところから入るんです。

清野　反・デベロッパー主義。

隈　それが、自分だけは正義の味方だという顔をして、上から目線で社会を見下ろす道具になったらヤバイ。自分が正義であるというところからスタートする人間が、一番怪しい。正義から入ると、都市開発のすべてを否定的に語るようになってしまうから、まったく生産的じゃないし、議論のしようもない。

清野　隈さんは前世代とは違うやり方でやる、ということで、非・反・デベロッパー主義ですかね。

隈　僕はデベロッパーも都市の重要なプレーヤーの一人だと思っているんです。多くのプレーヤーを巻き込まないと、都市という大きな問題は解けない。たとえば国立競技場では、大成建設、梓設計とチームを組みましたが、そういう実力のあるプレーヤーとうまい形でスクラムを組んでいくことは、世界が高度にシステム化された二一世紀ならではのやり方です。都市にはいろいろなプレーヤーが集まっていて、それぞれのプレーヤーに得意、不得意がある。それを整理しながら、クリエイティブな活動につなげていくことも建築家の役割だと思うんですよ。豊島区庁舎の時には「マンションらしさ」の何が街をダメにしているのかを徹底的に考えました。結論として、一番ダメなのは、マンションと街との接地面だ、と思い至った。

清野　接地面。分かるような、分からないような。つまり、低層部の外壁ですか。

隈　外壁、特に地面とぶつかるところ。たとえば昭和時代に日本住宅公団（現・UR都市機構）が日本各地で団地を作ったでしょう。それらの団地の中に設けられた商店街は、一階が店舗、二階が家族の住居で、「下駄ばき住宅」と親しみを込めて呼ばれるモデルだったんですよ。

清野　昔の商店街は、店の奥や二階に店主のご家族が暮らすことが普通でしたね。

隈　一階の店がまちとつながっていて、しかもそこに暮らしている。そうすると、建物が持つまちへの距離感、親近感は格段に増します。ところが、ある時期から東京に蔓延《まんえん》したマンションは、その接地面のコミュニケーションを放棄して、どこもかしこもみんな、墓石みたいな断面にしてしまった。その結果、そのまち独自の色や匂いが失われてしまった。

そんな「墓石らしさ」を消すべきだと、僕は考えたんです。そのデザイン上の工夫が、エコヴェールというパネルでした。

清野　エコや都市緑化がいわれる時代ですから、ぴったりですね。

隈　いや、エコヴェールとは呼んでいながら、あれの発想の原点は、東池袋周辺に密集していた木賃アパートだったんです。

清野　え、そうなんですか。

隈　東京が持つもう一つの眺めに、戦後に建てられた、小さな木造民家の密集があります。そのような、いわゆる木賃アパートのエリアは、火事などの災害に弱いということで、昨今、どんどんつぶされていますが、昔の木造の家って、軒先に盆栽を置いたり、すだれをかけたりして、住宅が街と接する時のマナーを持っていたでしょう。そのマナーと、あのヒューマンなスケール感を現代風にデザインしたいと思ったんです。

清野　デザインの源泉は木賃アパート。それにしてはおしゃれ過ぎるほど、おしゃれですが。

隈　分譲マンションと合体させることによって事業が成立するスキームだったから、それなりの値段を払うお客さんも呼んでこなきゃいけない。木賃性と、価格が何千万円というマンションを両立させる、ということが最大のチャレンジなんです。

清野　私はてっきり「ほら、エコロジーの時代でしょ」というコンセプトかと思っていました。たとえばミラノの中心部にある、有名な超高層マンション「ボスコ・ヴァーティカル（垂直の森）」。ベランダに木をがんがん植えて、それが年々成長して、やがて空中に浮かぶ森のように見えるという建物で、ミラノ工科大学教授の建築家、ステファノ・ボエリの設計。隈さんのデザインも、そちらの系譜と思い

ミラノ「垂直の森」

きや、木賃アパートとタワマンのマリアージュ（笑）とは想定外でした。

隈　ミラノの「垂直の森」は、接地面への意識ではなくて、それぞれの私有空間をどうやってゴージャスにして、より高く売るか、そのためのボキャブラリーでしかないから、緑として不健康です。「私たちはただのお金持ちじゃなくて、エコを大事にしているお金持ちなのよ」という自意識を、住人たちに与える特権的なデザインという感じがします。それは僕のスタンスとは違います。

清野　エコヴェールは、意識高い系のお金持ち系デザインではない、と。

隈　日本ならではの僕のやり方は、緑を挟むことによって、タワマンという嫌味な建物を、庶民の街へとくっつけることだから、ミラノの「垂直の森」とは考え方がまったく違う。だいたいヨーロッパでは、庶民に庭木を愛《め》でる文化がない。味わいたっぷりのナポリの下町ですら、路地にあるのは洗濯物だけで、緑はないでしょう。それが日本だと、庭を広くとったお金持ちの緑とともに、庶民も庶民なりの緑のボキャブラリーを持っていた。そういうものを池袋で取り戻せたらいいな、と思ったんです。

ピンチはチャンス――「消滅可能性」ショックからの反転攻勢

清野　エコミューゼタウンは公共建築物でもありますので、地権者、事業者のみならず、納税者とのコンセンサスも必要だったと思いますが、苦労したことはありますか。

隈　デザイン監修では、大胆でアバンギャルドな提案をしましたが、プロジェクト自体が難しかったかと問われると、実は豊島区長の高野之夫《たかのゆきお》さんのリーダーシップのおかげで、苦労は意外に少なかったんです。何よりも地権者の人たちが、区長の理念に賛同してくれていたので、事前の説明会の時から雰囲気がよかった。住民が関わる案件は、こじれることも多いのですが、その点でも異例でしたね。高野之夫さんって、すごく面白い方ですよ。高野区長からぜひ話を聞いてもらいたいですね。

清野　はい、それでは聞いてまいります。

高野之夫・豊島区長の話

一九九九年に豊島区長に初当選して、現在六期目を務めています。成人式では、新成人たちに「生まれた時からずっと高野区長しか知りません」なんていわれるようになり

ました。

私の生家は池袋駅西口にあった古書店で、わが家は母校の立教生のたまり場。いつもわいわいと学生たちが集まっていました。

大学時代は高度経済成長の真っただ中で、私もサラリーマンに憧れましたが、大学二年の時に父が他界して、家業を継ぐことになりました。地元で生まれ育った私は、根っからの池袋ファンです。ただ、駅前で商売をやりながら、街の人気が渋谷や新宿にははるかに及ばないことを、ずっと歯がゆく思っていました。

四十五歳の時に、商店街から区議会議員を出そうという話になって、私が担ぎ出されました。そこから都議会議員になり、区長に転じたのが六十一歳の時。かねてから思い描いていた「豊島区を文化のまちにする」という目標に向かっていこうと、気が引き締まりましたね。

ところが就任直後に直面した現実は、それはそれはひどいものでした。日本中、官も民もバブル時代のツケに苦しんでいましたが、豊島区は、なんと八百七十二億円もの「借金」があったのです。原因は私の就任以前の区政で、児童館、高齢者施設、狭小公園などハコモノを作り続けた「土木路線」にありました。それらは一見すると「福祉路線」のようでしたが、実態は典型的なハコモノ乱発。しかも、バブルが崩壊した後も、ハコモノは惰性で作られ続けていた。さらに、それらが生んだ巨額の赤字は、豊島区ではなく土地開発公社に付け替えられていたので、長い間、見過ごされてきた。事実を知った時は、猛然と怒りが湧いてきましたね。

しかし、その怒りは誰にもぶつけられない。夢をいったん脇に置いて、ハラをくくるしかありませんでした。ガラス張りの中で財政を立て直すと決めて、隠し負債を公開し、やれることは何でもやりました。自分の給料を率先してカットし、職員の給料もカット。議員定数の削減、区の用地売却、施設の統廃合、事業の民営化……。給与カットでは職員団体が連日、座り込みの抗議活動を行いました。その中を出退勤するわけです。区議会では怒号とともに、ものすごい突き上げにあいました。

一三年、四期目の途中で、ついに豊島区の財政において「貯金」が「借金」を上回る局面がやって来ました。ここまで持ってくるのに、実に十四年です。これでようやく「文化のまちづくり」に本腰を入れられる。そう思った矢先に待ち受けていたのが「消滅可能性[*7]」のショックでした。

日本創成会議・人口減少問題検討分科会が一四年に発表した『地方消滅』（中公新書）で、豊島区は東京二十三区で唯一「消滅可能性」のある自治体と名指しされたのです。

あの衝撃は今でも忘れられません。「豊島区は本当になくなるのか」と、区役所には連日、問い合わせが殺到しました。すでに日本は人口減少カーブに入っていて、地方の過疎やニュータウンの衰退は取り沙汰されていました。しかし、まさか豊島区が消滅可能性都市だなんて。そもそも豊島区の人口密度は当時も今も日本一なのです。

すぐに役所内でチームを立ち上げて、要因分析に取り組みました。そこから分かったのは、「転入人口の減少」が消滅可能性の最も大きな理由だということです。で、私はその時に、「もしかしてこれは大チャンスじゃないか」と、思ったんです。そう、ピンチじゃなくてチャンス。

かねてから、いかに人口をバランスよく増やしていくかは豊島区の課題で、そのためには特に若い女性に「豊島区に住みたい」と思ってもらうことが大事だと考えていました。子育てがしやすいように、保育園の新設や公園の整備など、実現したいことはたくさんありましたが、東京特別区の予算は「二十三区の均衡ある発展」を図るため、財源の調整が行われているので、区は独自色を出すのが、なかなか難しいのです。

しかし「消滅可能性」というショックがあれば、豊島区としてやるべきことを明確に打ち出せます。保育園、公園の整備・拡充を筆頭に、保育園の待機児童ゼロの実現、すべての区立小学校で夜七時までの学童保育の実施など、以前から温めていた子育て層へのサポート政策を次々と実施しました。

それ以前から東京の中心部にはタワーマンションなどが増え、若い世代の都心回帰が始まっていました。その流れも意識して、池袋周辺でも住宅開発の本格的な誘導を始めました。

それは同時に、積年の目標であった「豊島区を文化のまちにする」ことへのステップでもありました。借金でクビが回らない時でも、区長選では必ず「豊島を文化都市にします」と、訴え続けました。苦しい台所事情を区民に公開して、「財政を立て直していきます」とぶちあげても、閉塞感が前面に出たら、区民は希望を持てなくなってしまいます。そんな消滅可能性都市ショックからの脱却と、文化都市への転換の起爆剤となるプロジェクトが、区庁舎の建て替えだったのです。

そもそも以前の区庁舎は東京二十三区の中で一番旧く、老朽化が激しかった。耐震性もない建物で、使い勝手は劣悪。池袋駅東口の一等地に、ボロボロの区庁舎が建っていることと自体が、駅前の活気をそいでいたわけです。区民と職員の双方にとって建て替えは長年の課題でした。ところが豊島区の財政では、建て替えのお金などは出ません。東京二十三区では千代田区、中央区などが何といっても別格のお金持ち区ですが、豊島区は下から数えた方が早いぐらいです。

その現実からスタートし、長い準備期間を経ながら、区庁舎の移転新築とタワーマンションを合体させるウルトラCのスキームを編み出しました。当初は疑心暗鬼だった地権者のもとには、何度も通って、「地権者さんのため、そして豊島区のためです」と説明を繰り返しました。「来るな」という人のところに行くのが政治家ですから。

この機を逃してはならないと、次々と手を打ち続けたところ、区内のファミリー層の人口が、目に見える形で増加していきました。共働きができる環境を整えれば、それはさらなる人口増と区民税の形で区に還元されます。実際、一四年度から一九年度にかけて、転入人口と区民税収入は右肩上がりです。この五年間で、人口は約一万八千人、納税義務者は二万一千人増えました。

ピンチがあればあるほど、チャンスは増えます。その意味で、豊島区はチャンスの宝庫だったのです。

「南池袋公園」のリノベーション

清野　豊島区の「攻め」の背景には、第二章でうかがった隈さんの話と同じく、「借金」があったことが分かりました。豊島区再生をリードした高野区長は、二〇二〇年現在八十二歳。恐るべき情熱と行動力です。

隈　それはすごい。二十歳ぐらい若く見えますけど。

清野　政治家を務める中で老練さは当然、身に付けておられるでしょうけれども、雰囲気は飄々《ひょうひょう》としていて、温かみを感じさせるお人柄です。高野区長は区議から都議、そして豊島区長を務める中で、池袋駅前に持っていたお店とご自宅を売り払って、その後はずっと賃貸マンション暮らしなのだそうです。

隈　そうなんですか？

清野　私も驚いて、実際にお宅を見せていただいたところ、池袋駅圏内にあるしゃれたメゾネットですが、築三十年の建物でした。後援会も持っていないし、政治パーティも開かない。自身の給料を公開し、自分のお金で払い切れない店には行かないなど、身辺を明朗に保つことで、地元の再生という自身の大望にリーチしたのです。

隈　教訓になります。

清野　その手法のユニークな点は、豊島区と池袋を変えていく時に、公園のトイレから着手したことです。かつて区内に乱造された狭小な公園を統廃合した後、公衆トイレの整備に予算をつけ、みじめだった公衆トイレを、きれいで、使いやすいものに変えた。設備だけでなく、外壁に絵をペイントしたりして、外見も楽しくした。一番小さな単位から、まちづくりを始めたということですね。

隈　「としま区民センター」の二、三階をトイレにして、街に開放するという発想は、そこにルーツがありましたか。あの決断は、民間企業では絶対にできません。でもトイレって、確かに究極のハコモノかも。建築家としてとらえ直してみたい対象ですね。

清野　池袋の都市再生は、公園自体も大きな役割を果たしています。豊島区ではエコミューゼタウンと同時に、隣接エリアにある「南池袋公園」のリノベーションに着手しました。この南池袋公園こそが、池袋のイメージチェンジに、決定的に重要な分岐点だったと私はとらえています。

隈　同意します。あの公園を見るだけで、区長の哲学が伝わってくるものね。

清野　リノベーション前の南池袋公園は見通しの悪い場所で、夜なんか怖くって、男性でも立ち寄れない雰囲気でした。ところが六年半をかけたリノベーションによって、芝生を敷き詰めた風通しのいい、明るい公園に生まれ変わった。ビューポイントとなる北東側の一画にはカフェも設けて、もちろんトイレも整備した。それが子ども連れのファミリー、特にお母さんたちに大人気となり、公園を目当てにベビーカーを押して、わざわざ池袋に出かけてくる人たちが増えました。今ではファミリー層だけでなく、近所の会社員、学生、観光客と幅広い人たちが、この公園で思い思いの時間を過ごしています。

隈　あの公園は、ニューヨークのセントラルパークとまではいわないけれど、ブライアントパークの趣があるよね。映画で有名になったニューヨーク公共図書館[*8]の隣のブライアン

「南池袋公園」

トパークは、以前はドラッグの取引場所として悪名が高く、誰も近寄ろうとしなかったけど、デザイナーと行政が力を合わせて、まったく違う公園に生まれ変わりました。

清野　隈さんは以前、「ニューヨークがどうして世界都市になったか」という問いに対して、「マンハッタンにセントラルパークという広大な公園を作ったから」とおっしゃっていました。

隈　ニューヨークは一九世紀末に産業が発展し、人口が膨張したタイミングで、マンハッタンのど真ん中に広大な公園を作りました。目先の利益にとらわれていたら、ビジネスの中心地に「穴」を開けることはできなかったけれども、関係者たちの百年の計によって、その決断ができた。今やセントラルパークなしのニューヨークなんて考えられません。都市にはその分岐点を判断し、アクションを起こす運動神経が、死活的に必要なんです。セントラルパークをデザインしたフレデリック・ロー・オルムステッドという造園家は、もともと政治家志望で、世の中を変えてやろうという問題意識と意欲があって、その気持ちをセントラルパークに託した。だからこそ、あのような、美しいだけに終わらない庭が作れたのです。

清野 規模は違いますが、街に果たした役割として、南池袋公園はそれに匹敵すると思います。日が落ちたら……どころか、昼間でも近づけなかった池袋駅の近く、約七千八百平方メートルのブラックスポットが、公園リノベーションによって周辺を激変させた。

都電荒川線が池袋のアイデンティティを形成している

隈 池袋の潜在的な面白さは、ある種のダークなロウカルチャーにあったと僕はいいましたが、それだけでは都市計画としてはダメなんです。公園や駅前は公共空間として、明るく、風通しよく整備することで、ダークネスという隠し味が生きてくる。加えていうと、池袋には学校がいろいろあるところが、街にとっての大きな利点だな、と思います。

清野　西口に立教大学の雰囲気のある煉瓦のキャンパス。山手線の一つ隣「目白」駅前には、緑深い学習院大学。キャンパス建築でいうと、西口から目白に至る間に、フランク・ロイド・ライト設計の「自由学園明日館《みようにちかん》」も、抜群のたたずまいを見せています。

隈　世界の街でいろいろなプロジェクトを手がけていて実感するのは、元気のある街には、学校があって、学生がいっぱいいる、ということです。

清野　要するに、若者が山ほどいる。

隈　都市のデザイン云々も大切なんだけど、若い世代が街にいて、彼らが街で遊んでいることがすごく重要なんですよ。学校も別に総合大学だけじゃなくて、専門学校や各種学校などいろいろな種類があって、メインストリームからサブカルチャーのフォローまで、多様性があることが、都市の活気につながります。でも、それ以上に池袋に作用しているのは、ＬＲＴの存在ですね。

清野　ＬＲＴ？　あ、都電荒川線のことですね。

隈　そう、あのチンチン電車がまだ現役で走っていることが、池袋のアイデンティティの核を形成している。

清野　チンチン電車と呼べば懐かしく、ＬＲＴ（ライトレールトランジット）と呼べばエコでしゃれていますが、都電荒川線は明治時代に敷設された電気軌道で、東京に唯一残る都電です。今でも夏目漱石の描いた明治、大正時代的な空気を乗せて、早稲田を起点に学習院下、雑司が谷を通り、池袋方面から三ノ輪につながっています。雑司ヶ谷霊園は、まさに漱石が眠る土地ですし、三ノ輪は『あしたのジョー』[*9]の舞台となったドヤ街、泪橋《なみだばし》の膝元。ディープです。

隈　チンチン電車って、どんなに街を刷新しても消し切れない、過去のいろんな気配を運んでいる。そのタイムスリップ感がいい。

清野　『新・ムラ論』で下北沢を歩いた時、街の発展を阻害しているとされていた小田急線の踏切を見て、隈さんは「踏切のある風景っていいよね」とも、おっしゃっていましたね。

隈　そうそう。

清野　そういうものを全部、不便だから、効率的じゃないからと一掃することが戦後日本の都市計画だったじゃないですか。

隈　東京だけでなく、日本がいっせいにそっちに行ったことで、たまさかそれが残った場所が、今になってすごい財産に見える。そういう周回遅れのヘリテージをもっと意識するべきですね。

団地には、マンションが失ったものがある

隈　それでいうと、僕はマンションではなく「団地」というものにも非常に共感を持っているんですよ。団地もチンチン電車と同じで、日本の近代が持っていた何か——要するに住居がマンションという商品に堕落してしまう以前の世界の、建築家やデザイナーの真摯な思いを伝えるものです。昭和三〇年代の団地黎明期《れいめいき》に団地の設計に携わった人たちは、商品ではなく、人間の生活をデザインしようと本気で考えていた。そんな時代の香りが団地には存在するよね。

清野　日本の団地をリードしたのが、一九五五年に設立された「日本住宅公団[*10]」でした。同公団は、現在は独立行政法人「UR都市機構」（通称）に変わっています。URの団地

は各所にありますが、隈さんが実際に関わったものとして、ＪＲ根岸線「洋光台」駅前にある「洋光台団地」があります。

隈　洋光台団地のリノベーション「ルネッサンスｉｎ洋光台」[*11]に、ディレクターアーキテクトとして参画しています。

清野　「ディレクターアーキテクト」というのは、また耳慣れない肩書ですが。

隈　洋光台団地のリノベーションは、クリエイティブディレクターの佐藤可士和《かしわ》さんと一緒に、構想段階から議論をしてきました。僕と可士和さんの役目は、全体を貫くコンセプトを設計し、そこから建築やロゴ、サイン（案内板）など具体的な設計、デザインに落とし込むことです。ディレクターアーキテクトというのは、そのように全体をディレクションする建築家という意味で、僕たちの造語です。敷地内に新しく作る集会所の設計コンペを審査しつつ、僕自身も広場や住棟のリノベーションデザインを手がけています。最初から、ソフトも含めて映画監督みたいにディレクトしたいと思っていたのですが、「デザインアーキテクト」というと、デザインだけという感じがして、ちょっと違う。それで、ディレクターアーキテクトという、そんな名前にしてみました。

清野　第五章は渋谷から始まり池袋に、その池袋から洋光台へと、思わぬ方へと発展しています。

隈　池袋にもＵＲの団地はありますが、都心の一棟タイプです。僕たちが「団地」と聞いてイメージするのは、広い敷地に住棟がずらっと並ぶあの独特の眺めで、それらはだいたい郊外にあります。洋光台は都心部ではないし、行政上の住所は横浜市ですが、経済成長を支えたサラリーマンをさらに支えた場所として、まぎれもなく東京の一部でしょう。

清野　洋光台団地はＵＲによる団地再生のパイロットプロジェクトの一つです。隈さんによるお化粧直しと同時に、昭和時代に作られたひな型が、今後に持続していくためにどうしたらいいかという、ＵＲの試行錯誤も込められています。洋光台駅前は高度経済成長時代にベッドタウンとして開発されたザ・郊外で、隣駅の「港南台」も同じくＵＲの大規模な団地がある場所です。

隈　ＵＲの団地建設のピークは大阪万博後の一九七一年度で、その年度は全国に八万戸以上が作られました。ピークを過ぎた後、とりわけ人口減少や高齢化が顕著になった現在は、いかに上手に規模や戸数を縮小させていくかが、団地の課題になっています。それでもＵ

Rの団地は全国に千七百以上もあり、約七十五万戸の賃貸住宅を管理しているんですよ。

清野　世界一の大家さんといわれていますね。

隈　今のグローバル経済の中では、賃貸住宅を上手に住みこなしていくことが、人間にとって重要なことだと思います。設計者の側も、住宅を私有の資産としてとらえるのではなく、暮らしのクオリティを上げる装置、すなわち、一種の都市インフラとしてデザインしていくことが大切。資産としての集合住宅という考え方は、高く買わせるためのワナみたいなもので、このワナにはまると、逆に生活の質を下げることにつながってしまう。僕が三十年ぐらいかけて学習した結論です。

清野　隈さんはコーポラティブハウスで痛い目にあっていますからね（第二章参照）。体験に基づく貴重な警鐘です。

団地に息づく「ビレッジ」のDNA

隈　日本の団地、とりわけ日本住宅公団が作った団地というのは、世界から見ても特別なものです。コンクリートのハコ型をした集合住宅がずらっと並ぶ形は、旧ソ連、東欧など旧共産圏に顕著な居住形態だったわけですが、原型は第二次世界大戦前のヨーロッパで一時盛んに建てられた公共住宅。モダニズム建築の黎明期です。コルビュジエらモダニストたちが第二次大戦後、一九五〇年代に打ち出したパブリックハウジング「ユニテ・ダビタシオン」のブルータルな（荒々しい）デザインも、影響力が大きかった。日本の団地は、イデオロギーというより、そのモダンな理想の部分を自国に移植したものでした。関東大震災後の復興と第二次大戦後の復興という二つの大需要があったから、イデオロギー抜きで、ソ連みたいなオオバコができちゃったんだよね。

清野　ユニテ・ダビタシオンは、まさしく前世紀の高層開発「輝く都市」の原型となった鉄筋コンクリートの集合住宅です。第一弾となったフランス・マルセイユのユニテ・ダビタシオンは八階建ての建物に三百三十七世帯が入居可能な巨大なハコでした。たとえば現代のタワーマンションは、四十数階建て一棟で五百—六百世帯ほどの入居が標準です。ユニテ・ダビタシオンが、いかに人口密度の濃い建物だったか推測できますね。

隈　コルビュジエはユニテ・ダビタシオンで、社会主義思想を住宅に翻訳したわけですが、その流れで都市のすべてを埋め尽くそうとしたのが旧ソ連。で、その次に結果的に社会主義の優等生みたいに振る舞っちゃったのが日本の団地でした。

清野　戦後、アメリカ流の民主主義に染められた日本でしたが、日本の社会はそもそも共同体意識、同調圧力が強く、ナチュラルに社会主義的だった。

隈　日本では、そんな社会の特質が団地に反映されました。戦後、アメリカやヨーロッパでも住宅難は大きな社会課題で、団地、あるいはコンクリートの巨大な集合住宅は欧米でも盛んに作られたんです。けれども、アメリカ、イギリス、オランダなどでは、集合住宅がすぐにスラム化して、長い寿命を持てなかった。

悪例として有名なのが、五四年にアメリカのミズーリ州セントルイスにできた「プルイットアイゴー団地」[*12]。荒涼たる敷地に、同じ形をした十一階建てのハコのような建物が並ぶ巨大団地で、竣工《しゅんこう》時はまさしく「輝く都市」でした。しかしそこは、白人中産階級からは人気を得られず、ほどなくして過疎化、犯罪の温床化が進んでいきました。で、最後にどうなったかというと、全棟、爆破して終わり。そのショッキングな成り行きを、建築評論家が「モダニズムは失敗だった」という議論につなげて、そこからポストモダンの思想が台頭したという、一種の象徴的なプロジェクトです。でも本当のところは、モダニズムがダメだったんじゃなくて、アメリカ人が集合住宅に向いていなかったということ。彼らの中に、集合住宅での暮らしをマネージする文化がなかったからなんです。

清野　ケンブリッジ大学の建築学の先生が、日本にフィールドワークに来た時に、「洋光台団地を見たい」ということで、同行したことがあります。彼女はまず、大規模団地が築七十年を経ても、きれいに維持されていることに驚愕《きようがく》していましたね。敷地内の道路、公園、庭、建物のロビーなど共有空間はURの管理が行き届き、住戸の廊下など隣家と接するパブリックな部分も、それぞれにピシッと掃除が行き届いていて、住人の方々が自分たちの暮らす団地に、誇りと愛情を持っていることが私にも伝わってきました。

隈　イギリスでは集合住宅、とりわけ超高層のアパートは、激しいスラム化の歴史がありますからね。イギリス人もアメリカ人と同じで、人口密度のあるところにコミュニティを作っていくことがどうも不得意です。もちろんシビアな階級社会といった、日本と違う事情が作用しているからですが、もしかしたら、アングロサクソン系が持つ空間感覚と関係してくるのかもしれません。ラテン系の人たちはローマ時代から「インスラ」という高密度の集合住宅に馴染んでいて、いわゆる「都市の民」だったけれど、アングロサクソン系はもともと移動する人たちで、低密度好き。集合住宅に定住する習慣がなかったんです。

清野　何しろ、ゲルマン民族の大移動で知られる人たちですから。ただ、定住型の日本人の居住形態も、戦前までは長屋にしても、大名屋敷にしても木造の低層で、団地のような形態ではありませんでした。

隈　ということは、戦後の日本人は「団地」という自分たちにとってまったく新しい居住形態を受け入れて、住みこなした。恐るべき順応力で、これは日本の世界遺産的な達成といっていいいんじゃないかな（笑）。

清野　その背景には、日本の農村の歴史が広がっているような気がします。

隈　まさしく僕がずっと追求している「ビレッジ（ムラ）」のDNA。洋光台団地も、僕がリニューアルに参加する以前から、すでに住人たちがビレッジとして住みこなしていました。

清野　日本の団地は、住人のソフトパワーの賜《たまもの》ですね。

隈　同時に、そういう住み方を継続させているURの努力は、やはり特筆すべきものだと思います。洋光台団地のリニューアルでは、URの太田潤さん（当時・UR都市機構東日本賃貸住宅本部神奈川エリア経営部長)、尾神充倫《みつのり》さん(同・団地マネジャー)が現場をリードして、さまざまな関係者を結んでいってくれました。

清野 団地の地力には、日本住宅公団時代のデザイン力もあるのではないでしょうか。

隈 そう、今に続く住み方を誘導したデザイン力が、そもそも優れていました。プルイットアイゴー団地みたいに、ハコをドドンッと置くのではなく、地形に合わせて、それぞれの棟の形や階数を少しずつ変えたり、配置の角度をちょっとずつずらしたりしながら、庭や集会所などの外部空間との関係にメリハリを持たせた。コンクリートのハコを、何とか人間のものにしようという、先人の意志と執念を感じます。洋光台団地ができたのが、七〇年代だったこともよかった。アルヴァ・アアルト[*13]のような、やわらかいモダニズムの影響がありますね。

清野 団地が提唱した「2DK(2部屋とダイニングキッチン)」の間取りは、障子や襖《ふすま》ではなく、ドア付きの個室があることが画期的でしたし、台所と茶の間を一つにして、しかもちゃぶ台ではなく椅子とテーブルを置いて、そこで食事と団らんの時間を過ごすという、新時代のライフスタイルのシンボルでした。それで次に、隈さんや私が小、中、高校生だった七〇年代から、今度は民間の「マンション」というものが登場しました。当時の「マンション」には、団地が持っていないアッパークラスの響きがあって、「へー、〇〇君はマンションに住んでいるんだー」なんて、私なぞは目をくらまされましたね。

隈　そうやって目をくらまされたことが、日本の都市にとっての、大きな、そして悲劇的な転換点だったと思います。まさにこの時から、デベロッパーのマーケティング戦略によって、「ソーシャルハウジングはダサいけれども、民間の分譲マンションはカッコよくて上等だ」という刷り込みが、日本人の頭の中を組み換えてしまった。東京がマンションという反都市的ともいえる暴力的商品で埋まっていく始まりです。

都市再生には「文化」が必要だ

清野　団地の流れでいいますと、表参道と代官山にあった同潤会アパートを都市の中に残せなかったことは、東京の痛恨事に思えます。

隈　同潤会アパートは関東大震災の復興住宅だったわけですが、その時、日本の意識の高い役人たちが、新しい時代への夢を持って人間の生活を本気で描こうとした。僕が大学生の時に、「代官山同潤会アパートのリノベーション」という課題が出て、代官山をフィールドワークしたのですが、駅前のほの暗い林の中に、アパート群が建っていて、その間に食堂やお風呂屋さんがあったりして、本当に夢の中の世界にまぎれ込んでしまったようで面白かった。

清野　代官山の同潤会アパートは前世紀末に全面的に取り壊されて、その跡地に二〇〇〇年、商業施設とマンションが建ちました。再開発で同潤会の面影は、完膚なきまでに消されてしまいました。かつての眺めを知らない世代に、「代官山駅前には昔、同潤会アパートというものがあってね」といっても、何のとっかかりもないでしょう。

隈　都市が資本によって更新されていくことは宿命ですし、また、更新されなければ都市でいられない。とはいっても、同潤会の面影を少しでも伝える再開発になっていたら、代官山駅前の価値は、今の時代にもっと高くなったと思います。

清野　都市を更新する際に、何を持ち込めば、そこが人間の生きる場所になるか。渋谷の場合はストレートに「資本」で、池袋の場合は「住民」「文化」でした。どれも必要ですが、私見をいえば、マイ・ターミナルの渋谷には、もっと池袋的な場所がほしい。端的にいうと、新しく渋谷にできた店や装置は、どれも値段が高過ぎて、気取り過ぎです。渋谷が意識しているのは、やっぱりあくまでも「消費者」で、「住民」ではない気がして、マイ・ターミナルなのに、この疎外感は何だ、と。

隈　さっき、僕はアメリカ人とイギリス人を、団地を住みこなせない人たち、とディスったけれども（笑）、イギリスの名誉のためにいうと、ロンドンには例外的に成功した集合住宅「バービカン・エステート」がありますよね。

清野　はい。金融街シティの近接エリアに六〇年代に建設された、ブルータリズム*14の集合住宅。外見はざらっとした分厚いコンクリートで、味も素っ気もないのですが、今に至るまで人気を保ち、金融街に勤める独身の高額所得者や、ロンドンの文化人が住みたがるという。

隈　一種のヴィンテージですが、バービカンは、今からすると、ヨーロッパの中道左派が元気だった時代の空気感が残っている珍しい場所で、よその国なのに懐かしい感じがするぐらい（笑）。

清野　渋谷、池袋、洋光台から、ロンドンに飛びましたか。

隈　バービカンも洋光台団地のように敷地内に共有の広い庭があって、手入れもすばらしいし、住人たちのコミュニティが良好に保たれている。バービカンに住むことを誇りに思っている雰囲気が、やっぱり伝わってくるんですよ。

清野　バービカン人気は、東京でいえば千代田区とか中央区のような、都心立地の勝利ではないでしょうか。

隈　いや、先日久しぶりに見に行ったけど、ブルータリズムの意図した荒々しさの中に、設計者のヒューマニズムを感じて、結局、それが一番大事だと思いました。コンクリートのハコにヒューマンなものを託す装置が、バービカンの場合はコンサートホールやギャラリーなどの文化施設「バービカン・センター」です。集合住宅に上野の文化会館がくっついているというか、上野の文化エリアに集合住宅が建っているようなもので、あれは都市再生の「発明」だと思いますね。文化を媒介にして集合住宅をスラム化から守り、さらに街へと開いたんです。

清野　都市再生のキーワードとして「文化」を使う。それは、まさに池袋の手法です。

隈　そこで、この章の結論。都市再生には文化が必要だ。それも、借りてきた文化じゃな

「バービカン・エステート」

くて、その場所の人が育てた、その土地の植物みたいな文化が必要です。池袋のオタク的な文化は、渋谷のように洗練されていないかもしれないけれど、まさに池袋という土地に育ったたくましい雑草みたいなもの。それが今、うまい形で、新しい開発の中で花開こうとしている。普通は新しい開発をやると、テナント料もすごく高くなるから、ロウカルチャーが駆逐されて、ハイカルチャーだけに偏ってつまらなくなる。池袋は本当にめずらしいケースですね。

註1　**坂倉準三**　一九〇一―一九六九年。日本のモダニズムを代表する建築家。東京帝国大学卒業後、パリでル・コルビュジエに師事。前川國男、吉村順三と共同設計した「国際文化会館」（東京都港区）をはじめ、代表作多数。渋谷では「東急会館（後に東急百貨店東横店西館）」「東急文化会館」も手がけたが、いずれも二一世紀の渋谷再開発で取り壊された。

註2　**宝塚歌劇団**　一九一四年創設。阪急グループの創業者、小林一三が阪急電鉄沿線の乗客誘致として開発した「宝塚新温泉」の余興がその始まり。鉄道の沿線に高級住宅街を開発し、百貨店や学校など商業と文化・教育インフラを整え、歌劇というソフトウエアまでをも組み合わせたことは、日本の都市開発史上、画期的なアイデアだった。

註3　**『池袋ウエストゲートパーク』**　石田衣良の連作短編小説シリーズ（文藝春秋、一九九八年―）。二〇〇〇年に宮藤官九郎《くどうかんくろう》の脚本、長瀬智也、窪塚《くぼづか》洋介、加藤あいらの出演でTVドラマが放映され、都会のクールな悪徳を描いたことでも人気を集めた。

註4　**巣鴨プリズン**　旧東京拘置所。第二次世界大戦中は思想犯らが拘置され、戦後、GHQに接収されていた時には、東條英機ら戦犯の処刑がここで行われた。

註5　**IKEBUS（イケバス）**　「ハレザ池袋」や「池袋西口公園」など池袋駅東口と西口の新スポットを回遊する電気バスで、二〇一九年一一月に定期運行をスタート。JR九州「ななつ星in九州」でも有名な工業デザイナー、水戸岡鋭治がデザインしたバスは赤と黄色の二色があり、グレーの街でかわいらしく目立っている。

註6　**ハイライン**　ニューヨーク・セントラル鉄道支線の廃線後、高架線路の跡地に作られた、全長

二・三キロメートルに及ぶ公園。ブロードウェイが歩行者天国になった年と同じ二〇〇九年に開園。廃線後の線路を公園にしたり、高速道路跡地を緑の遊歩道や自転車専用道路に整備し直したりする「細長いプロムナード化」は、世界の都市再生のトレンドになっている。

註7　消滅可能性　『地方消滅』（増田寛也・編著、中公新書、二〇一四年）では、出産年齢といわれる「若年女性＝二十歳〜三十九歳」の人口が二〇一〇年から四〇年にかけて五割以下に減少する自治体を「消滅可能性」があるとした。

註8　ニューヨーク公共図書館　ドキュメンタリー映画界の巨匠フレデリック・ワイズマン監督の「ニューヨーク公共図書館　エクス・リブリス」は二〇一七年ヴェネツィア国際映画祭で国際映画批評家連盟賞を獲得し、一九年に日本公開された。上映時間三時間二十五分の大作で、狭義のイメージにとどまらないダイナミックな公共空間としての図書館の姿が、余すところなく描かれている。

註9　『あしたのジョー』　高森朝雄（梶原一騎）原作、ちばてつや画によるボクシング漫画。一九六八年から七三年まで「週刊少年マガジン」に連載。泪橋は主人公、矢吹丈《やぶきじょう》をボクサーに仕立てる師、丹下段平が拳闘クラブを構えていた場所。

註10　日本住宅公団　一九五五年に設立された後、八一年に「住宅・都市整備公団」、九九年に「都市基盤整備公団」と、名称・役割を変え、二〇〇四年から独立行政法人「都市再生機構」。

註11　ルネッサンスｉｎ洋光台　横浜市磯子区にある洋光台団地の再生。住宅公団時代に建設した団地が半世紀以上を経て老朽化、陳腐化した課題を受けて、ＵＲが進める団地再生プロジェクト「団地の未来」のモデルケースと位置付けられている。

註12　プルイットアイゴー団地　かつてスラムだった場所を取り壊し、日系アメリカ人建築家、ミノル・ヤマサキの設計で建設された。ヤマサキは九・一一テロで崩壊した「世界貿易センタービル」の設計者でもある。いずれも超大国アメリカを象徴する建物でありながら、悲劇的な末路をたどった。その意味でヤマサキは、悲運の建築家といえる。同団地の跡地は、フランシス・コッポラが製作に関わった文明批判の映画「コヤニスカッティ」にも登場した。

註13　アルヴァ・アアルト　一八九八―一九七六年。フィンランドのモダニズムを代表する建築家、都市計画家、デザイナー。「パイミオのサナトリウム」「ヘルシンキ工科大学（現・アアルト大学）」など多数の建築を設計。家具やイッタラ社のガラス製品などもデザインした。近代建築に北欧の自然を取り入れ、ヒューマンな味わいを与えた彼の設計思想は、二一世紀のコミュニティ建築に好んで引用され、現在の日本の地域おこしでも、その系譜に連なるデザインが一つの主流をなしている。

註14　ブルータリズム　戦後のモダニズム建築の形骸化に対する批評として一九五〇年代に登場した様式。その名の通り、装飾を排し、無機的、機能優先で、ざらりとしたコンクリートの表面を持つブルータル（荒々しい）な味わいが特徴。ル・コルビュジエによる「ラ・トゥーレット修道院」（フランス・リヨン）もその一つに数えられる。

終章　ずっと東京が好きだった

東京から放逐された九〇年代

清野　本書では冒頭に、「なぜ東京は世界中心都市のチャンスを逃したか」という大きな命題を設けました。少し時代を遡りまして、隈さんが鋭い切り口の建築評論で世に出たのが一九八〇年代のバブル期。そこから知名度を上げて、九一年に東京の環状八号線沿い（世田谷区）に隈さんが設計したマツダのショールーム「M2」が完成しました。ところが、この建築が建築界やメディアで不評を浴び、またバブル経済が崩壊したこともあって、以後二〇〇一年まで隈さんの東京での仕事は一切、なくなります。今から思うと、信じられないことですが。

隈　そうですね。「M2」ではバブル時代の東京のカオス（混沌）を僕なりに翻訳して、ガラス張りのクールなハコの中央にイオニア式の巨大な列柱を貫かせたりして、時代の狂騒を強烈に皮肉ったつもりでした。でも、その意図は世の中にまったく通じなかった。それ以降、九〇年代をまるまる東京から放逐されて過ごしたわけです。

清野　まさに「失われた十年」。でも、その失われた十年こそ、シニカルな隈さんが東京

バブル時代の東京を“翻訳”した「M２」（隈研吾建築都市設計事務所提供）

で活躍するべき時代だったのではなかったか。隈さんが東京から排斥されたことは、八〇年代に東京が世界中心都市に飛躍するチャンスを逃したことと関係があるのではないか、と考えたりしています。

隈　僕個人でいえば、九〇年代に日本の地方でいろいろな建築を手がけ、そこでじっくりと風土と建築の関係性について勉強できたから、むしろあの時期に東京にいなかったことがプラスだったと思っています。

清野　隈さんが東京復帰を果たすのは、〇二年に東銀座に完成した「ＡＤＫ松竹スクエア」から。以後、「Ｏｎｅ表参道」

（〇三年）、「サントリー美術館」（〇七年）、「根津美術館」（〇九年）、「浅草文化観光センター」（一二年）、ＪＰタワーの商業施設「ＫＩＴＴＥ」（一三年）、「第五期歌舞伎座」改修（同）、そして「国立競技場」（一九年）と、東京のシンボル建築に次々と携わることになりました。東京はなぜ手の平を返して、「帰ってきた隈」を迎えたと思いますか。

隈　偶然みたいなものの連続だと思いますけど。

清野　その程度……ですか。「いつか東京でリベンジをしてやる」なんて、燃えてなかったんですか。

隈　いや、今も昔も、地方でやっていて全然楽しいし。日本の田舎と海外をふらふら行き来するうちに、友達もいっぱいできたし、東京ではない場所で建築を作り続けている方がストレスがありません。

清野　そんな隈さんが東京に戻ったきっかけは、強いていうなら何だったのでしょうか。

隈　栃木県の「那珂川町馬頭広重美術館」（二〇〇〇年）と、北京の郊外に作った「竹屋Great（Bamboo）Wall」（通称「竹の家」、〇二年）の二件を、海外の人たちが評価してくれて、そのプロセスを見ていた人が東京の仕事を頼んでくれたのだと思います。

清野　竹屋は〇八年、映画監督のチャン・イーモウが作った北京オリンピックのCMの冒頭で使われて、世界中に発信されました。隈さんのアーカイブをたどると、確かにそのあたりから都市建築が急激に増えていることが分かります。

隈　やっぱり海外での評価が大きいんですよ。それが日本に渡ってきて、だったら東京の建築を隈に頼んでみよう、という流れになったのではないかな。

清野　「馬頭広重美術館」も「竹屋」も、どちらも立地は市街地から遠く離れている、いわば辺境の建築です。辺境の建築が隈さんを都市に押し戻したというところが皮肉ですね。中央に固執することは逆に危ない、という証明ですかね。

隈　僕が竹屋のプロジェクトで最初に北京に行った時は、中国の建築レベルは設計も施工も本当に低かった。僕にプロジェクトを依頼してきたデベロッパー「SOHO　チャイナ」の若い夫妻も起業したばかりで、経験は少ないし、役人からもしょっちゅう横槍《よこやり》を入れられていました。そんな彼らが万里の長城の麓で、「同時代のアーティストによるコミューンを作る」という新機軸を設定し、世界中から現代建築家十二人を呼んで、建築を競作させた。その一人として僕が呼ばれたわけです。予算は唖然《あぜん》とするほど少なかったし、現地の施工レベルも驚くほど稚拙でしたが、クライアント夫妻が語る言葉には、日本では聞かれなくなった未来への展望が感じられました。彼らはその後、北京の中心部に従来のオフィスビルとは違うタイプの開発をどんどん仕掛けて、中国最大のデベロッパーの一つになるのですが、うねりをあげて動いている新時代に対して、自分たちはこういう姿勢で向き合って行くのだ、という強いコンセプトを明確に持っていて、時には公然と中国政府を批判した。そこが刺激的でした。

清野　当時の東京は、そういう展望を持っていなかったですか。

隈　日本のデベロッパーは、組織は洗練されているけれど、そこにいるのは基本的にサラリーマンだから、リスクをとって起業した人の方が、それは強いですよ。開発ってものすごい大金が動き、リスクが生じるわけですから、そのリスクを背負えるビジョンを持つ個人じゃないといい開発はできません。その後、中国はアリババにしろ、テンセントにしろ、経済成長のダイナミズムに乗って、若い世代の起業家が一気に台頭して、パワフルに社会を変えていきました。

ゼロ年代の都市再開発はテーマパークの手法を引きずっていた

清野　一九年に「日経ビジネス電子版」のインタビューでユニクロ創業者の柳井正さんが、激烈なことを述べていました。[*1] 最初の言葉が「最悪ですから、日本は」というもので、この三〇年で「日本は世界の最先端の国から、もう中位の国になっています」と、凋落《ちょうらく》ぶりを辛辣な言葉で指摘しています。

隈　柳井さんがそういっていたの？

清野　はい。日本は政治も経済も旧態依然で、世界のイノベーションから大幅に遅れている、と。だいたい、自分のような七十歳のじいさんが、いまだに起業家の代表として扱われること自体が間違っている、って。

隈　その通り、としかいいようのない凋落は、海外のクライアントと仕事をしていて、いよいよ強く感じます。

清野　はい、その通りだ、よくいってくれた、と、溜飲《りゅういん》が下がると同時に、悲しくなるのですが。日本では、下手をすると隈さんだって、いまだに建築界の旗手みたいにいわれることがあるでしょう。何かというと「世界的建築家、隈研吾」みたいなフレーズで、ブランド的に取り上げられたりして。コラボの企画もたくさんあって、中には「隈先生」ブランドに頼れば何とかなるという、リスクをとりたくない姿勢のあらわれに見えるものもあります。

隈　そうかもしれませんね。

清野　隈さんと『新・都市論』で東京をハンティングしたのはゼロ年代前半でした。当時は小泉純一郎内閣による規制緩和で、汐留、丸の内、六本木ヒルズをはじめ、東京中に超高層の再開発ビルが、にょきにょきと建ち、馴染みのあった街角が跡形もなくつぶされていった時期でした。六本木ヒルズのような複合的な大再開発モデルは、その意味を時代の中でどうとらえていいのか、私にはよく理解できていなかった。汐留では、東京なのに謎のイタリア街が出現したりしていて、一体、東京はどこへ行くのだろうと、不安、怒り、悲しみを入り混じらせていました。

隈　ゼロ年代は、都市再開発がテーマパークの手法を、まだ引きずっていた時代でしたね。

清野　ロンドンだったらビッグベン、パリだったら凱旋門とノートルダム、シンガポールだったらマリーナベイ・サンズと、世界の都市には一目で分かる象徴がありますが、東京は電線と電柱、灰色のビルばかりが目立っていた。一二年には新しいシンボルとして「東京スカイツリー」の開業があったけれど、話題性は別にして、あの形は結構しょぼかった。

景観復活のきっかけは、東京駅舎の復原と丸の内の再開発

清野　それで、こんな話の後ですが、今になって、私は東京の街がまた、すごく好きになってきたんですよ。

隈　何、その展開は？

清野　確かに日本も東京も課題が山積で、さらにコロナ禍に見舞われて、袋小路感が満載。でも、それはどこの国も都市も同じじゃないですか。それでも、現在の東京をあらためて歩いてみると、ゼロ年代に隈さんと歩いた時から、飛躍的な変貌を遂げていることが分かるのです。

隈　どういうところに、それを感じますか。

清野　いくつか象徴的な都市のシーナリー（景観）があり、その一つに国立競技場とその周辺も数えられると思います。何よりも、干支《えと》が一回りする間に、隈さん自身が外部の批

評者から、再開発の当事者となり、紆余曲折を経たシンボル建築の設計に携わるまでになってしまった。かつては「それでいいのか、東京」と、挑発していればよかったけれど、今はもっと重い責任を負うようになったわけです。

隈　その意味でいうと、東京がパワーを取り戻す一つのきっかけが、やっぱり東京駅舎の復原と丸の内の再開発じゃないかと思いますね。

清野　賛成です。東京駅丸の内駅前広場は、新丸の内ビルの七階にあるパブリックな屋外テラスから一望できるのですが、スコーンと空気が抜けた感じがすがすがしい。広場からまっすぐに伸びた行幸通りが、超高層ビル群を従えて、皇居のお堀端に続く眺めには、都市の品格と現代性があり、他を圧倒しています。「東京、やっぱりすごいだろ」と、誰かれなく自慢したくなります。

隈　再開発以前は、丸ビルと新丸ビルのあたりって、東京のど真ん中なのに暗かったよね。こういったらなんだけど、場末感が漂っていたでしょう。

清野　以前は三菱の人以外は来なくていいです、というような排他的な雰囲気のある街で、賑わいがまったくなかったです。

東京駅丸の内駅前広場

隈　その三菱の企業姿勢が、再開発で変わった感じがしますよね。

清野　まず、丸の内仲通りを商業街に整備して賑わいを呼び込んだことが大変化。一帯を「大丸有（大手町・丸の内・有楽町）」と新しい呼び名にして、「一般社団法人大手町・丸の内・有楽町地区まちづくり協議会」を組織。NPO法人の「大丸有エリアマネジメント協会」も発足させて、ビル単体ではなく、エリア一帯をマネジメントするという、まちづくりの潮流をいち早く取り入れました。一九年五月には百時間だけ、仲通りに本物の芝生を敷いて、ブロードウェイの歩行者天国のように、完全な歩行者空間を来街者に開放した。街を歩く人が増えたら、周辺のお店も売り上げが増えたそうですが、今やそのような都市再生のトレンドの先端的な発信地になりました。

隈　東京駅丸の内駅前広場の方は、ごてごてと飾らず、余計なことをやっていない。そこがいいですよね。ゼロ年代の空気からいうと、低層、煉瓦造りの東京駅舎は、取り壊されて超高層タワーになっていてもおかしくなかったけれども、そうしたら東京は首都の顔を失っていたことでしょう。JR東日本が東京駅舎の復原を決断したことには素直に感謝したい。同時に、東京駅舎の復原は、僕の恩師でもある建築史家の鈴木博之[*2]先生が剛腕を振るって、最初の議論を起こしてくれた。それも大きかったです。鈴木先生が、その後すぐ亡くなってしまったのは、それだけのストレスがあったからかなとも思って、悲しくなってしまいますけれど。

清野　新自由主義、グローバリズムの旗印の下で、歴史も暮らしも踏みつぶしながら行われた平成流の再開発への疑問は、市民の間では大きかったのです。だからこそ、鈴木先生が「東京駅を超高層ビルにしてはいけない」と復原の意義を語った時に、それが幅広い支持を得たのだと思います。

丸の内の再開発では、それに関連して「空中権の移転」という都市開発のウルトラCが編み出されました。丸の内の大家である三菱地所は、エリア一帯を超高層化する際に、東京駅上の中空を未利用の容積率とみなして、その一部をJR東日本から買い取ったのです。それによってJR側も駅舎復原の資金を得た。歴史的な建物、景観を継続させることで、市民も資本も、ともに利益を得たということで、まさしく東京の都市再開発の画期でしたね。

隈　歴史的な建物の保存は、ヨーロッパの都市ではもう何十年も前からやって来たことでしたが、スクラップ&ビルドで進んだ戦後の東京ではそういう意識が低かったですからね。汐留では旧新橋停車場の遺構が、超高層ビルの日陰で、すごくかわいそうに扱われていたけれど、一〇年代からようやく、歴史的な建物や街区をアリバイ装置ではなく、価値あるものとして街区デザインに組み入れることが常識になってきた気がします。

震災以降、JR東日本のスタンスが変わった

清野　その前後に、隈さんがデザインを担当した第五期の歌舞伎座も完成しています。歌

舞伎座は新築なのに、新築とは思えないほど、昔の姿をとどめています。しかも、背後に建てられた超高層タワーとも違和感なく馴染んで、建築家が自己主張しないでも都市は再生できる、という実例を示してくれました。

隈　昨今、建築家の自己主張はむしろ邪魔だ、という意味で、ポスト・ポストモダンの時代が、やっと来た感じがします。ポスト・ポストモダンって、「環境」「共生」といったダボス会議的なキーワードか、あるいはヴァーチャル空間論、デジタル空間論的なキーワードで語られていますが、僕は「前近代」について、もっと考えておいた方がいいと思っているんです。具体的にいうと、鉄道と震災。

清野　どういうことでしょうか。

隈　丸の内の景観は、もちろん大家さんの三菱の余裕の賜という側面は大きいでしょうけれど、JR東日本のスタンスが、東日本大震災以降に変わったことも影響している感じがするんです。明治以降、日本の近代化は西からやって来るということで、新橋駅は、まさしくその近代化の玄関口だったわけです。西志向は戦後の工業化社会で、太平洋と東海道を日本列島の産業の中心に考える思考に発展し、我々の間にさらに染み付いていきました。

一方で、東京では上野駅が長い間、近代的な発展から取り残されてきた東日本の終着駅だった。東北・上越新幹線が上野駅からさらに東京駅に乗り入れるようになったのは、平成になってからで、その点も象徴的です。東北の貧しさというものは、近代以前から日本にとって大きな問題だったけれども、戦後、経済の発展を優先することで、その問題をずっと抑圧し続けてきたわけでしょう。でも、東日本大震災——三・一一を機に、その問題も含めて、東北に目が注がれるようになった。日本の中における東日本のポジションが、震災で変わった気がしています。

清野　なるほど。

隈　東北と関西の相克は、日本史全体を貫く最大のテーマだと僕は感じています。縄文時代は、東北の方が自然も豊かで文化的にも先進地域だったけれど、稲作が到来して以降、東北は凋落しました。三・一一はその流れの終着点ともいえるけれど、大きな反転のきっかけにもなりえると僕は思っているんです。三・一一の意味を日本史的スケールで見て再考すべきです。

「地元」を持っている会社は強い

清野　三菱地所が丸の内をがんがん再開発して話題を集めた一方、東京駅周辺ではライバル、三井不動産の影が薄くなった時期がありました。しかし、東京２０２０の開催が決まってから、三井も日本橋を拠点に本格的な攻勢を仕掛けています。

日本橋は東京２０２０の話題とともに、首都高速道路の地下化構想が浮上していますが、三井の描く「絵」は、その話題ともからめ、水際も含めた、より広域の再生計画です。域内では一九年までに「ＣＯＲＥＤＯ（コレド）」シリーズの商業施設を五館まで増やしており、ビルの谷間には徳川家康も詣でたという福徳神社の社殿を新築再興して、江戸の味わいも利用しています。

隈　日本橋は江戸と東京の歴史の重要なベースですから、そこに目をつけるのはうまいですよね。第二次大戦後の日本橋はオオバコ型オフィスの場所としては中途半端だったから、この機に歴史とかストリートといったものの力を借りれば、生まれ変わる気がします。

清野　一九年に完成した「ＣＯＲＥＤＯ室町テラス」は、一階入り口に大屋根を設けたオープンテラスがあり、商業ビルと街を積極的につなげています。そこから街の奥に歩を進めると、「日本銀行本店旧館」*3の重厚な建築が視界に入り、明治時代の帝都の威光と現代建築とのコントラストに、はっとして立ち止まったりしてしまいます。

隈　三井は「ミッドタウン」ブランドと、「ららぽーと」ブランドで、六本木、日比谷や郊外などでいろいろ手がけていて、逆に拠点が分散していた感がありましたが、日本橋を居場所と定めてから、強い存在感が出ています。その意味で、自分の場所を持っている会社の強みというものは、すごく感じます。場所を持っている、家を持っているって大事だよね。ハコじゃなくて場所なんです。

清野　「地元」というのは、世界の都市に共通する二一世紀の潮流の一つです。英語でいう「ネイバーフッド（近隣）」は、重要なキーワードになっています。東京では天王洲《てんのうず》（品川区）で、寺田倉庫が主導している水際の再開発が好例ですね。

隈　天王洲、面白いですよね。

清野　運河沿いの倉庫群にブルワリーレストランやベーカリーカフェなどが入っていて、ウッドデッキがそういう楽しい店と水際をつないでいる。観光客も多いのですが、犬を連れた人が散歩をしていたりして、都会的なご近所感が広がっています。

隈　二〇世紀の不動産ビジネスは、新しいところにどんどん拡張すれば、それで儲かるというものでした。ですから企業には、自分の場所を持つという意識が薄かった。そう考えると、三菱はある種の前近代性を保持していたからこそ、自分の場所が明確だったともいえますね。森ビルだって、「アークヒルズ」「六本木ヒルズ」など、東京中をあちこち再開発したけれど、今はやっぱり自分たちの創業の場所に帰って、「虎ノ門ヒルズ」の建設に力を入れています。森ビルの創業者、森泰吉郎《たいきちろう》は西新橋の米穀店に生まれて、新橋、虎ノ門一帯が地元ですからね。

ユーミンには八王子と東北があったから、六本木を発見できた

清野　都市再生の潮流について、ここでちょっとまとめます。

- その一：歴史的な建物や景観、モチーフを再開発の中で生かす。
- その二：企業も「地元」を持つ。

「その一」の歴史のモチーフでいうと、「東京ミッドタウン日比谷」では、前身だった

「三信ビル」を、優雅なアールデコ様式のエレベーターホールもろとも取り壊しました。その時に、何てことをしてくれるんだ！　と、ガッカリしたのですが、新しくできたビルの地下一階アーケードに、そのモチーフが洗練された形で再現されて、ほっとするとともに、うれしくなりました。

隈　ミッドタウン日比谷は、タワーが太すぎて難しいボリュームなのですが、古いものの力をうまく使っています。

清野　実は今の東京で私が一番好きな都市景観は、ミッドタウン日比谷からのもの。中層部の六階から、エスカレーターでシネマコンプレックスのあるフロアまで降りていくと、巨大なピクチャーウインドウを通して、眼下に日比谷公園*4の緑と、皇居堀端の水面がスペクタクルに展開していく。その風景の切り取り方が圧巻で、ハリウッド映画を観《み》ているような気分になります。地上では劇場街に続く通りが歩行者専用道路になっていますが、それも直線ではなく、曲線を描いていて遊びがあるんですね。ですから今の東京は、一昔前に隈さんと東京を歩いていた時とは、予想もしなかった東京になっている。

隈　それは時間差とともに、世代差が表に出てきたからだともいえるんじゃないかな。つまり、都市再開発の意思決定者や現場に、コンプレックスのない新しい世代が就くようになった。高度経済成長時代は、近代とか西欧というものに憧れたオールドジェネレーションと団塊世代が、土木と建築界を牛耳って、鉄、コンクリート、効率といったものを祭り上げたけれど、今は都市再開発の当事者に、そういうトラウマがなくなってきたんですよ。

清野　団塊世代は、新しもの好きの、新しい世代だったはずでは？

隈　安保闘争では思想的に前近代にアンチを唱えたけど、都市に必要なものって、思想ではなく、新しい美学なんですよ。思想は言葉に頼りがちですが、言葉だけでは都市は作れない。美学は思想の裏付けがあって、はじめて力強く人を感動させるものになります。

清野　隈さんは「はじめに」で武士、おサムライさんが磨き上げ、他人に押し付けてくる「美学」を激しく批判されていますが、その「武士の美学」と、ここでいう「都市に必要な美学」は違うのですか。

隈　補足しないと、矛盾しちゃうね（笑）。都市に必要とされるものは、経済に根ざした新しい美学ということ。人間の営為に「経済」を反映させることは、とても重要だと僕は考えます。なぜなら、経済は下からの変化であり、時代を先取りするものだから、動きが速い。僕が「はじめに」でレトリックとして使った「武士の美学」は、建築界でいうと、昭和時代の建築最優先の考え方がいまだに生き残って、経済の動きが反映されないまま、内輪の「上から目線」に固執することです。建築は簡単に動かせない物体だから、動きはどうしても鈍重になって、関係者が意識を研ぎ澄ませていないと、昔をひきずったまま、時代に取り残されてしまいます。

清野　つまり都市に必要な美学とは、経済とともにある美学で、その経済という言葉に込められているのが、動いているもの、移ろうもの、変わっていくもの、ということですか。

隈　そうです。その点で、僕の追求する建築の流動性と矛盾なくつながってきます。その美学というものが身に付くまでは、三世代の時間がかかる。

清野　第一章にも出ましたが、「売り家と唐様で書く三代目」、と。

隈　そう、一代目は高度成長を担った昭和ヒトケタ世代、二代目は団塊世代。その団塊世代の後の三代目になって、はじめて美学的に近代西洋の呪縛から脱却できたんじゃないでしょうか。

清野　二代と三代の間に、隈さんや私の、いわゆる「しらけ世代」がいるわけですが。

隈　僕は一九五四年生まれですが、僕の世代以降はみんな第三世代、脱コンプレックス世代に入れちゃっていいんじゃないかな。

清野　団塊ジュニアも、ミレニアル世代もひっくるめてですか？

隈　そう、僕ら以降はみんな、ポスト団塊の世代。

清野　なんか、ちょっと若い人たちに悪い気もしますが……。

隈　ユーミンが登場して、日本人の美学というものが一気に都会的なものへ変わった。ユーミンと僕は同じ年なので、だから、それでいいんです（笑）。そういえばユーミンの実家も八王子というリアリティのある場所ですよね。育ての母ともいえるお手伝いさんは山形の出身で、ユーミンを溺愛したらしい。ユーミンには八王子と東北という力強い場所があったから、六本木をステキな都会として発見できた。

清野　ということで、時代の潮流「その三」は、「世代交代」ということでいいですか。

隈　はい。それに加えて、三・一一以降、東北つまり東日本というものに向き合う思考が出てきた。それが「その四」です。

清野　もう一度、時代の潮流をまとめます。

・その一：歴史。
・その二：地元。
・その三：世代交代。
・その四：東日本の復権。

なるほど、近代志向の西向きとは違う方向が出てきましたね。近年、東京では「セントラルイースト」と称される中央区、千代田区、台東区、墨田区の発見があり、さらに足立区の北千住《きたせんじゅ》や北区の赤羽など「ノース」が、実は都会的で住みやすい街として注目されています。

隈　都市・東京の舞台は港区だけじゃない。その広がりがいいですよね。僕は一七年に北区で、古い木造の家を外国人留学生のためのシェアハウス「王子シェアハウス」にリノベーションしましたが、北区の王子界隈は渋沢栄一ゆかりの飛鳥山《あすかやま》公園もあり、文化的な香りがして、場所の力を再発見しました。

清野　セントラルイーストの浅草、蔵前、押上、清澄白河方面では、古い建物を商業空間に再生するリノベーションが盛んですね。

隈　押上で「ONE@Tokyo」というホテルを手がけました。正確にいうと、このホテルはリノベではないのですが、すでに別の設計図に基づいて工事が始まっていたホテルを香港《ホンコン》の人が買って、手直ししてくれというので、リノベみたいな面白さが出た仕事です。時間が重なる面白さ、とてもいいますか。制約がある物件は、その自由すぎないところも楽しいんですよね。

清野　「時間」と「事情」が重なっていく面白さ。たとえば浅草では、隈さんの後続世代の建築家の一人、平田晃久《あきひさ》さんによる前衛的なカプセルホテルも登場しています。カプセルという建築形態は、それこそ高度経済成長時代に黒川紀章さんが「メタボリズム」で提唱したもの。第三章でも触れましたが、建築を都市の細胞とみなし、それを新陳代謝させることで建築に持続的な生命を与えるという考え方で、今から思うとエコの時代の先取りをしていましたね。

隈　そういう黒川さんの建築は鉄とコンクリートの塊で、全然エコじゃなかったけれど（笑）。ただ、黒川さんの代表作の一つ「中銀《なかぎん》カプセルタワービル」[*5]は、その思想を確かに体現していましたね。中銀カプセルタワーは、昭和のヴィンテージとして今も銀座のはずれの地に残っていますが、メタボリズムの思想は、それだけ射程の長いものだったのだともいえます。平田くん世代の建築家が、高度成長時代の産物を否定しないで、カプセルをデザインし直すって、つまり、それも一種の思想のリノベーションですよね。カプセルホテルって、日本だけで見る形態といっていい。その不思議さも面白い。

自分がクライアントになっちゃえばいい

清野　黒川さんのお名前が出たところで、戦後日本の建築家の系譜を敬称略で概観しておきますと、丹下健三（一九一三年生まれ、以下同）を第一世代として、槇《まき》文彦（二八年）、磯崎新（三一年）、黒川紀章（三四年）らが第二世代、安藤忠雄（四一年）、伊東豊雄（四一年）、山本理顕《りけん》（四五年）らが第三世代。その後、内藤廣《ひろし》（五〇年）、隈研吾（五四年）、妹島和世《せじまかずよ》（五六年）、青木淳（五六年）、坂茂（五七年）の第四世代がいて、現在は七〇年代生まれの藤本壮介（七一年）、平田晃久（七一年）、石上純也（七四年）、中村拓志《ひろし》（七四年）、田根剛《つよし》（七九年）といった人たちにつながっています。もちろん、ここに名前を挙げなかった人たちも、たくさん活躍していらっしゃいます。

隈　第二世代の槇さん、黒川さんまでは高度経済成長の恩恵で、二〇世紀型の「建築家すごろく」に乗っていればよかった。最初は実家とか親戚とかの小さな家を設計して、自分のキャラクターをアピールする。そこから小さな美術館、次にもう少し規模の大きい文化施設、さらに大きな公共施設……というようにコマを進めていけばよかったんです。ところが、安藤さんたち第三世代から国内需要が満たされて、その安定的なレールが揺らぎ出します。で、僕らの世代ではもう国内だけでは仕事が回っていかなくなった。僕はバブル後の九〇年代に、それを思い知らされました。僕の後続世代の建築家は、僕よりもさらに縮小したマーケットで戦っているわけだから、戦略性はより苛烈《かれつ》に求められるようになります。

清野　確かに隈さんの後続世代の建築家が、東京の大型案件を手がける例は少ないです。その中で、隈さんの設計事務所にいらした中村拓志さんは、「東急プラザ表参道原宿」という東京のど真ん中の商業施設の設計を担当しています。

隈　中村くんはがんばっているよね。それこそ第一世代、第二世代の大御所たちは、商業施設を建築ヒエラルキーの外に置くような上からの目線があったけれど、生き残りの戦略として商業施設は一つの方向性だと思います。ただ、僕の後続世代は中村くんに限らず、美学を研ぎ澄ませて、インスタ映えしようという意気込みは分かるけれど、まだメディアに依存している感じがします。僕は美学をつき詰めるのとは反対の、現場感があるもの、泥臭いものに大きな可能性を感じるんですよ。

清野　たとえば、どのような動きですか。

隈　宮崎晃吉《みつよし》くん（八二年生まれ）は、谷根千《やねせん》（谷中《やなか》・根津《ねづ》・千駄木《せんだぎ》一帯）の谷中で「hanare」をプロデュースしています。「hanare」はイタリアで注目されている「アルベルゴ・ディフューゾ（分散型宿泊施設）」の東京版ともいえるもので、下町に点在する物件を、一つはレセプションに、もう一つは客室にと機能を分散させることによって、宿泊者がまち全体を体験できるように設計しています。レセプションは、宮崎くんが築五十年の木造アパートをリノベした「最小文化複合施設HAGISO」という建物で、朝ごはんはその一階にあるカフェ、浴室は近所の銭湯って、仕組みが面白い。そのようにビジネス環境をアーキテクト（設計）しながら、建築をデザインし、ビジネスも自分がリスクをとって実際に回していく建築がどんどん出てくるといいな、と思います。

清野　クライアントがいて、建築家がいる、というタテの線じゃなくて、自分で新しいヨコの線を生み出しているということですか。

隈　そう、自分でリスクを負って建築に向き合うことが、建築と社会との新しい関係を作る。美学的な建築を追求すると、どうしてもお金持ちのクライアントに雇われる形になり、デザインも研ぎ澄まされる分、社会のニーズと切れて排他的になっていく。若くて名前が出る人ほど、逆にそうやって既存のシステムに取り込まれてしまうワナが、建築にはあるんです。

清野　それでは創造性とは逆の方向になってしまいます。

隈　だからこそ、クライアントがいなくたって自分がクライアントになっちゃえばいい。自分でアクションを起こすことが必要なんですよ。一見、時代の波に乗っていないように見える人の中から、都市を変えていく人が出てくる。今はそういう時代だと思います。今、建築家を目指すなら、自分の名前を売る仕事ではなく、楽しいと思える仕事に足を突っ込んじゃう方がいい。建築家の意識が、そっちの生《なま》の社会の方に向いていかないとダメだと思っている。

清野　現在の東京をめぐり、隈さんと対話するにあたって、当初、その手がかりは国立競技場や渋谷再開発、高輪ゲートウェイ駅など、隈さんが関わる二一世紀東京の「大きな建築」にあるかと想定していました。ところが、隈さんのレスポンスは、シェアハウス、トレイラー、焼き鳥屋、バラック、木賃アパート、団地など「小さいもの」「かわいいもの」ばかりでした。

隈　自分が当事者として関わる建築を例にして、東京の可能性はこういうところにある、という話を、この本ではぜひしたかったんです。

清野　小さい建築と並行して、国内外で大きな建築も矛盾なく手がけているのが、隈さんの怪物的なところですが。

隈　クライアントがいて、建築家が起用される、という二〇世紀型のタテの関係の中で、僕も鍛えられましたから、大きな建築だからこそできることを否定しません。同時に、どうしたら、その固定的なシステムから抜け出せて自由になれるだろうか、ということをずっと追求してきました。僕もようやく自分の好きな建築を手がけられるようになってきました。

清野　二〇二〇年に東京大学教授の定年を迎えられたとは思えない青年っぷりです。ただ、建築家の世界って政治家みたいで、若手といわれても四十代だったりしますよね。

隈　ある程度のハコを作れるようになるまで時間がかかる職業ですので、一種、老人ビジネスみたいなところがある（笑）。

清野　「百歳社会」がいわれる時代に、ぴったりじゃないですか。

隈　そう、「百歳ビジネス」を目指せばいい。僕の大学の同級生にも、町場で建築事務所を経営しながら、地元密着の泥臭い仕事をしている人は結構いますよ。第五章で語った「南池袋公園」の設計を担当した久間常生《きゅうまつねお》くんもその一人です。神楽坂で「粋なまちづくり倶楽部」というNPOをやっている山下馨《かおる》くんも同級生です。山下くんは地元の漆器店の子で、神楽坂という現場にどっぷりつかっています。

コルビュジエの建築みたいなケーキ

清野　ここで時代の潮流「その五」が見えてきました。それは「町場」です。

• その五：町場。

町場の建築家像といえば、三・一一以降、神奈川県の海沿いの街、鎌倉・逗子《ずし》・葉山あたりに、先端の動きがたくさん登場しています。三・一一を機に日本人は東北を再発見したと隈さんはいわれましたが、私は東京の近距離にあるこのエリアをずっとウォッチしています。[*6]谷根千を真似して、「鎌逗葉《かまずよう》」と呼んでいるのですが。

隈　そこでのアクション例を挙げてみてくれますか。

清野　たとえば鎌倉駅西口、御成《おなり》通り商店街は、東口の小町通りに比べると、観光客の姿が少なく、地元の人が通うようなお店が並んでいます。その御成通りの脇道の路地に「ザ・グッド・グッディーズ」というコーヒースタンドがありますが、ここの店主の内野陽平さん（八七年生まれ）は、大学で建築を勉強した人です。かつて大学の建築科を卒業した人は、大小の設計事務所やゼネコンに就職するか、アトリエ系の設計事務所に就職するか、いずれにしても、会社に就職して建築に携わることが通常でした。

隈　無謀にも、アトリエ派として独立するという選択肢もありましたけどね。

清野　隈さんのように。それは置いておいて、彼にとっての建築的行為とは、会社で設計図を引くことではなく、町場でコーヒーを淹《い》れること。以前は小料理屋だった縦長の空間を、カウンター式のスタンドバーにする際、内装はもちろん、コーヒーを手際よく淹れるための装置まで自分で設計し、作ったといいます。ここでコーヒーを飲んでいると、まちで暮らす人、働く人、観光客など、いろいろな人がやって来て、挨拶やおしゃべりを交わしていきます。地域コミュニティの中継所になっていて、それこそが内野さんの意図したところだといいます。

隈　「コミュニティ」という切り口は、「地元」につながる大事なキーワードですよね。

清野　グッド・グッディーズでは、レモンケーキ、キャロットケーキなど、魅惑的なアメリカンケーキも売っているのですが、そのケーキを作っているのが、「ＰＯＭＰＯＮ　ＣＡＫＥＳ（ポンポンケークス）」の立道嶺央《たてみちれお》さん（八三年生まれ）。立道さんも建築科の出身で、大学卒業後に茅葺《かやぶ》き職人の親方に弟子入りをして、重要文化財の修復で日本各地を転々とする「旅大工」の日々を送りました。二十代後半で鎌倉の実家に戻った時、「もう普通の就職先はない」と覚悟を決め、建築を通した表現活動を考えた。その時に、路上を舞台にした「ケーキの行商」というアイデアが浮かんだそうです。ハコを作ることだけでなく、道路という公共空間を利用することも、建築的行為なのではないか、ということで、これは隈さんのおっしゃる「流動する建築」そのものではないでしょうか。

隈　そうですね。行商というのは、かなり面白くて、未来を感じる。ストリートとビジネスが直接つながっちゃうんだから。

清野　鎌倉でお菓子教室を主宰しているお母さまからケーキ作りを習い、今ではそのお母さまと一緒に実店舗を経営しています。

隈　ケーキと建築って、かけ離れているように見えるけど、ケーキを一つの構造物としてとらえれば、納得できる話ですね。

清野　ケーキのスポンジを理想通りに膨らませるには、厳密な分量の計算と手順が必要になります。お菓子は化学反応の賜ですので、その点で構造的ですね。鎌倉ではなく、都内で非常にスタイリッシュな造形のケーキに遭遇したことがあり、「どういう方が作っているんですか？」とお店の人にたずねたら、建築家から転身した女性パティシエということで、なるほどと得心しました。コルビュジエの建築みたいなケーキだったんです。

隈　それ、僕も食べてみたいな。

清野　立道さんは自分で改造したカーゴバイク（三輪自転車）にケーキを積んで、鎌倉の街で行商をしました。「今日はどこそこに行きます」とSNSで発信すると、行列になってすぐに売り切れ。ケーキ好きな女性はもちろん、会社帰りのサラリーマンも並んでくれて、鎌倉に暮らすさまざまな人と話をすることができたそうです。

隈　まちでケーキを売ることがフィールドワークになっているんだ。

清野　まさしくフィールドワークです。その後、梶原という中心部から少しはずれた住宅街に実店舗を二店、出店したのですが、それによって近隣が活性化し、一画がニューヨークのブルックリンのような雰囲気になっています。

隈　建築を学ぶ学生には、建築雑誌を眺めているだけじゃなくて、そういう生な事例をもっと知ってもらいたいですね。

超高層タワーがないまちに新しいワーク＝ライフが生まれる

清野　逗子の小坪にある「南町《みなみちょう》テラス」も、まさに新しい建築的行為の好事例です。築四十年以上の木造家屋は、大学でコミュニティ論を教える建築家の日高仁さんが、家族で暮らす自宅兼アトリエです。急な坂道の途中で、交通の便は悪いかもしれませんが、その代わり小坪湾を望む眺望がすばらしい。週末の午後はカフェにして、まちの内外の人が憩い、交流する「まちの駅」[*7]の機能を持たせています。カフェの担当は妻の直穂子さんで、自家製パン、地元産の魚介、野菜を使った家庭的なランチが評判です。日高さんは東大の原広司研究室の出身です。

逗子「南町テラス」からの眺望

隈　僕の後輩で、しかも原研究室。それは変わり者に違いない（笑）。でも、大学で建築を専攻することって、かなりの知的訓練だし、社会の構造、システムを学習することでもあります。そこで鍛えられた人たちが、コミュニティの中で、従来の建築とは違う活動をしているということは、すごく重要だと思います。

清野　日高さんはかつて首都圏のスマートシティ開発にも参加していましたが、結局、行き着く先は超高層ビルの建設。それでは「縮小社会」に対応できない、と痛感したそうです。

隈　知的な訓練をした人こそ、今の時代は地元が重要だと考えるわけです。

清野　隈さんは学生を教える中で、「コミュニティ」という方向性は感じていましたか。

隈　学生の間では、むしろそっちの方が主流といっていい。だいたい僕の世代から、建築の勉強をしたのに、建築じゃない仕事をやる流れはあったんですよ。たとえば八〇年代には文系就職といって、建築科を出て銀行、商社に就職する流行がありました。

清野　それは端的に、銀行、商社の方が給料が高かったからじゃないですか。

隈　そうね、八〇年代の文系就職は、給料がいいという即物的なことが動機でした。でも、それが最近の文系就職は、「満足感」や「社会のために」という抽象的な動機に変わってきていて、仕事の幅がさらに拡がっています。

清野　特にミレニアル世代の人たちに顕著な価値観ですね。ミレニアル世代は、八二年以降に生まれたＩＴ親和性の高い二十代、三十代と定義されています。その世代の起業家の一人、仲暁子《なかあきこ》さんによると、ミレニアル世代の特徴は、「所有よりアクセス」「コスパ重視」「ポリコレ（ポリティカル・コレクトネス）」「健康に気を使う」方面にあり、「シェアリングエコノミー」「マインドフルネス」「ＬＧＢＴ」といったキーワードが多用されています（『ミレニアル起業家の新モノづくり論』仲暁子・著、光文社新書、二〇一七年）。

隈　そう、生きること、働くこと、どこかに帰属することの価値観が、全部違ってきている。文系就職で銀行に入った僕の大学の教え子が、仕事が面白くないからといって、僕の事務所に転職してきたり。「給料が何分の一かに減るけど、それでもいいの？」と、念を押したんだけど、それでいいって。要するに、手を動かす仕事に回帰したい、リアリティに回帰したいということなんです。

清野　今の二十代は、新卒で大企業に就職しても、二年ぐらいであっさり辞めて、小さなスタートアップ企業に転職します。古い世代の大企業勤めの人は、そういう話を聞くとびっくりするようですが、優秀な若い人ほど、躊躇《ちゅうちょ》なく大企業ブランドを捨てる。彼・彼女たちは、二十年先の安定ではなく、「自分のやりたいことが、すぐにできる職場」をとるんです。働き方改革の流れの中で、フレックスタイムやリモートオフィス、副業奨励といった、かつてはありえなかった働き方も普通になってきています。

隈　病んだ日本のオオバコ的な終身雇用制に対する、適切な処方ですよ。

清野　日高仁さんがリノベーションを手がけた鎌倉駅前の木造家屋で、ジェラートショップを営んでいる三十代の夫妻はともに公認会計士で、以前は外資系の監査法人に勤めていた人たちです。最初から終身で雇用される気はなくて、一定期間働いたら、世界を旅行しようと決めていたそうです。希望通り、就社八年後に旅に出たら、イタリアで目が覚めるようなおいしいジェラートに出会った。二人で現地のジェラート学校が主宰する講座に通って、製造方法から店舗運営まで学び、帰国後にジェラートショップを開いた、というのです。

隈　行動力と決断力に若さのパワーがありますね。既存のシステムに巻き込まれていない。そういう人たちが自分で新しい仕事を始めようとする時に、鎌逗葉のようなムラ的なスケールというのは、ちょうどいいと思いますね。東京でいえば中央線的なところ。

清野　吉祥寺のハモニカ横丁にも通じますが、要は超高層タワーがないまち。大きな建築が物理的に建っていない場所で、新しい「ワーク＝ライフ」[*8]が生まれています。東京でも中央線沿線に限らず、ビル街の谷間のような都心のスポットで、鎌逗葉的な小さな起業、自前の店を持つ動きがいろいろと出ています。ですから、「自分の店や場所を持つ」ということも時代の潮流ですね。

・その六：自分の店、場所を持つ。

コロナ禍は、東京が大人になる節目

清野　隈さんが常々おっしゃっているように、ビルの一階とは街の一部なのだから、並木のようにとらえて、地場のコーヒー屋さんなど個人が店を開けるようにしたら、超高層や灰色のビルが並ぶ東京でも、どんなに街が面白くなるかと思うのです。一階に親密性が宿れば、巨大なビルの圧迫感はかなり軽減されます。たとえば高輪ゲートウェイ駅の開発にしても、隈さんがデザインした駅舎の前には、結局、チェーン店が並ぶ「あの眺め」しかない、となったら街の魅力は出ない。

隈　そうね。高輪ゲートウェイ駅の一帯は、以前はＪＲの線路が海側の東京湾サイドと、山の手の住宅街サイドを完全に分断していました。その分断を、駅のデザインでいかにつなぎ直すか。山の手側と海側を結ぶことで、いかに歩く街になるか、僕自身は一所懸命考えました。

清野　都市の一階については、建築に携わる一人の女性が面白いアクションを起こされています。建築プロデュースの会社「グランドレベル」代表の田中元子さん（七五年生まれ）で、彼女は医大に入学が決まっていたけれど、そのコースを蹴って、建築を独学で勉強したというユニークな人です。彼女の建築的行為とは、自分で作った屋台を引っ張って、道行く人にコーヒーを無料で振る舞うこと。鎌倉のポンポンケークスとも通じますし、屋台という可動物を建築ととらえる点で、隈さんのトレイラーに近いかもしれません。

隈　それはいいですね。

清野　一八年には森下（墨田区）の町工場が並ぶ場所で、コインランドリーを併設した、その名も「喫茶ランドリー」を開業しました。ランドリーカフェはヨーロッパのまちづくりから発祥した新潮流で、ベルリンのコインランドリーの会社は一七年に目黒区でおしゃれなランドリーカフェの一号店を開店。今では普段使い系からトレンド系まで、幅広い形で都心から郊外に広まっています。初期投資は必要ながら、カフェよりも来店動機を高めることができるので、カフェ経営のビジネスモデルとしても注目されています。

隈　森下って清澄白河の隣ですよね。まさに僕の好きなライトインダストリーのエリア。そこに「ランドリー」というのがいいね。

清野　パートナーの建築家、大西正紀《まさき》さんと二人で回す会社のオフィスも同じ場所に置いて、二人はここに常駐しています。店内にはアイロン台のある家事室や、大テーブル席を設けてあって、お母さんと子どもたち、近隣の元気な高齢者、昼休みの会社員、観光客と、さまざまな人たちがやって来ます。「ここは近隣の人たちの『私的公民館』」と田中さんはいっていますが、その田中さんが提唱するスローガンが、「一階はパブリック、一階づくりはまちづくり」なのです。

隈　実践している人にいわれると、臨場感が増します。

清野　丹下健三以来、建築のメインストリームは女性、もしくは女性的な要素を排除して発展してきました。でも、コミュニティという新しいキーワードが出てきたおかげで、女性の建築家の活躍が目立ってきた。たとえば成瀬友梨《ゆり》さん（七九年生まれ）は、早くから

「シェア」「コモン」をテーマの一つにして、自分の仕事を打ち出しています。

隈　女性ももちろん、才能のある若手もたくさん登場していて、望ましい動きになっている。実際に今聞いたように、建築家像も多層的になっています。東京はもともと、いろいろな職能を持った人たちが多層的にまちを作っていて、さまざまなポテンシャルがあった場所なのに、高度成長時代に、それらのポテンシャルをオオバコの大企業文化が全部抑圧した。景気が悪くなって、抑圧されてきたものが解放に向かい、昔の多層性が少しずつ戻ってきている気がしますね。

僕は、個人がどう目立つかということよりも、全体の空気感がもっと変わっていかないとダメだと思っています。だからこそ後進の世代には、目立つ仕事ではなく、毎日が楽しいと思える仕事を選んで取り組んでほしい。

清野　確かに東京は景観も、活躍するプレーヤーも多層的になってきました。ただし、途上です。スポットとエリアは充実度を高めていますが、全体の景観イメージは、どうしてもべたーっとした灰色。「東京」を特集するクールなデザイン誌の表紙に写る東京の眺めもまだまだ汚い。

隈　もし清野さんがヨーロッパの都市景観を基準にしているのなら、それは短絡的な議論に陥る危険があります。なぜなら、パリ、ロンドンなどの都市景観は前世紀以前からのもので、都市が建設された時代に、限られた建築技術しかなかった結果として、街並みが統一されたからです。それと、二〇世紀という乱雑な時代の産物の東京を単純に比べることはできないですよ。

清野　欧米の都市が持つアドバンテージは分かります。でも、パリ、ロンドン、ニューヨークは、先人から受け継いだ街並みを無闇やたらには壊しません。資本主義の中でもヘリテージというものの価値を保持しながら、パブリックな街並みとは何か、それが市民にどういう益をもたらすかという議論と実践を、すごく面倒な手順を踏みながら続けています。

隈　確かにそれができるかは、東京の今後の最大の課題ですね。

清野　東京２０２０については、反対意見も種々あり、また前代未聞のコロナ禍という大騒動も起こって、紆余曲折の連続ですが、オリンピック・パラリンピックのような大きなイベントによって、都市の循環がうながされることはあります。そこにも私は期待をしていました。まさかのコロナ禍で、そこがいったん、宙ぶらりんになってしまいましたが。

隈　国立競技場では木を前面に出しましたが、それは通常の日本のプロジェクトでは、なかなか実現できないことでした。オリンピック・パラリンピックという特別な「祭り」があるからこそ、決断が難しい画期的な手法を実現できたことは確か。その意味で、東京2020の開催決定に一定の意味はあったと僕も思います。

清野　コロナ禍では東京2020が延期になり、今後、感染拡大の様相によっては中止という事態もありえます。設計に参加された方として、この成り行きは残念ではありませんか。

隈　その点については、僕は建築を百年単位で考えているから、それほど深刻にはとらえていません。二〇二一年に延期になったとしても、それは百年のうちの一年の話です。

清野　同時代の祝祭ということで盛り上がっていたイベントが、目の前でいったんなくなったことに、私自身は喪失感を覚えています。

隈　スタジアム建築は、世界中のテレビ局を巻き込んだイベントのためだけにあるのではありません。百年の単位で考えれば、その間にいろいろなイベントが催されるでしょう。東京2020がよもや中止になったとしても、別のさまざまな機会を通して、人々が国立競技場の空間を感じてくれることは変わりません。このような厄災もふくめて、東京は歴史の壁を乗り越えていけばいい。

清野　ロールモデルはありますか。

隈　オリンピック建築は、〇八年の北京大会までは典型的なシンボル建築、モニュメント建築でした。たとえば北京のメインスタジアムだった「北京国家体育場」（通称、鳥の巣）は、世界的な建築家ユニット、ヘルツォーク&ド・ムーロンの設計で、単体のデザインは文句なく際立っていました。ただ、建築・デザイン雑誌には盛大に取り上げられたけど、広場との関係性はもとから悪かったし、オリンピック後に有効利用されることもなく、今では廃墟同然に打ち捨てられています。

それと対照的なアプローチをしたのが一二年のロンドン大会です。ロンドンではオリンピック関連の建物を、住環境に問題があった都市の東部に集中させて、それによって周辺の再開発と、地域活性化を進めました。第四章で言及した、LSE教授のリッキー・バーデットがロンドン市長の建築アドバイザーになって、都市計画的な視点を導入したんです。一帯はオリンピック後に、緑豊かな公園と新しい居住エリアに生まれ変わり、地価もイメージも上がりました。

清野　オリンピック建築がシンボルではなく、今日的な公共開発の起爆剤になったということですね。確かにロンドン以降、オリンピック建築を語る時に「レガシー（歴史的遺産）」という言葉が多用されるようになりました。それでいうと、東京２０２０では選手村がオリンピック後に「HARUMI FLAG」として、分譲されることで話題になりましたが、これがレガシーかというと……。

隈　後利用が分譲マンションというところが、あまりにも日本的ですよね。そういうことへの懐疑も含めて、コロナ禍は東京が大人になる節目じゃないでしょうか。

清野　レガシーでいえば、国立競技場には「空の杜《もり》」という回廊空間が五階に設けられ、東京２０２０後に一般開放される予定になっていますが、コロナ禍で自粛のストレスにさらされた今こそ、あの場所を歩きたい。

隈　あそこから神宮外苑の杜を見たら、それは気持ちいいですよ。五輪後といわず、その前に公共に開いてもいいのではないかなと僕も思います。

清野　世界中でランドマークとされる建築を設計し、東大教授も務められ、メディアでは

「世界的な建築家」という枕詞《まくらことば》がすっかり定着した隈さん。そんな隈さんに建築をお願いすることは、今や、すごくハードルが高いと、誰もが思っているのではないでしょうか。

隈 そんなことはないです。ということが、この本を読んでくださったら分かると思います。オオバコの中のおサムライさん、つまりサラリーマンを担保していた日本の終身雇用制が崩れて、彼らがのさばっている社会が本格的にダメになろうとしている時、その先に僕ら建築家は何を提示できるか。コロナ禍では、僕の思っていたオオバコの問題が、いよいよはっきりとした形で顕在化しました。ゼロ年代から盛んになった新自由主義、グローバリズムの弊害を、社会的な問題として、みんなで共有できるようになったと思います。僕の中でも、オオバコはヤバいという予感が、確信に変わりました。ともかく、自分でリスクを負わないと、誰も本気にしてくれない。SNSで「いいね！」をもらうことなんかとは、まったく違う価値の基準を作っていかないといけない。

清野 東京は大丈夫でしょうか。

隈 これから、本当に楽しい時代が始まります。

註1　柳井正インタビュー　「柳井正氏の怒り　このままでは日本は滅びる」（「日経ビジネス電子版」二〇一九年十月九日　https://business.nikkei.com/atcl/NBD/19/depth/00357/?P=1）

註2　鈴木博之　一九四五―二〇一四年。東京大学工学部教授、青山学院大学教授、明治村館長などを歴任。『東京の「地霊」』（文藝春秋、九〇年、サントリー学芸賞）で著した通り、地霊（ゲニウス・ロキ）という言葉を用いながら、土地の歴史が持つすごみを研究。それを建築批評の手がかりにした。

註3　日本銀行本店旧館　一八九六（明治二九）年に完成。設計は東京駅の設計も手がけた辰野金吾。

註4　日比谷公園　一九〇三（明治三六）年に開園。前身は陸軍練兵場で、幕末までは大名屋敷地だった。設計統括者は、日本の「公園の父」といわれる本多静六。本多は、この時にともに設計にあたった本郷高徳とともに、明治神宮の森の造営にも大きな役割を果たした。

註5　中銀カプセルタワービル　一九七二年、東京都中央区銀座八丁目に完成。カプセルと称される一つの部屋の広さは十平方メートル。室内にベッドと収納があるが、キッチンはなく、当時のミニマル思想を今に伝えるヴィンテージビルとなっている。

註6　「鎌倉から、ものがたり。」（「朝日新聞デジタル＆ｗ」連載　https://www.asahi.com/and_w/seriese/kamakura/）

註7　まちの駅　全国まちの駅連絡協議会（事務局はＮＰＯ地域交流センター内）が定めた設置要項に基づき、同協議会の認定審査を経た施設。公共、民間を問わず、「無料で休憩できるまちの案内所」と

している。

註8　ワーク＝ライフ　ワーク・ライフバランスの、さらに先を行く新しい世代の価値観。ワーク・ライフバランスは、「ワーク（仕事）」と「ライフ（生活）」を分けるという、二〇世紀の仕事至上主義に基づいたものだが、ワーク＝ライフは両者を完全に等価に置くという革新性がある。

おわりに

清野由美

本書は、建築家の隈研吾さんと東京を歩き、語る都市論の第三弾となる。

二〇一七年から準備を進め、刊行は都市の話題性と合わせた「東京2020」のタイミングにすると当初から決めていた。ところが、この祝祭の年に私たちが迎えたのは、コロナ禍という前代未聞の厄災であった。東京2020はすでに歴史的な厄災の中の、一つのエピソードとして語られるものになっている。

では、それによって論点が変わったかというと、そこは変わらなかったのである。

もともと本書は経済縮小の時代に、都市・東京がどのような可能性を提示できるのか、それを探る意図でスタートした。それは前二冊と同じだったが、一つ大きく違っていたのは、かつては外部の批評者だった隈さんが、今では内部の当事者になったことだった。

隈さんはちょうど「国立競技場」や「高輪ゲートウェイ駅」など、都市・東京で注目を集める建築に連続して関わっていた。話の流れとして、そのあたりをたくさん聞くことになるかな、と私は思っていた。しかし、当事者となった隈さんは、五輪に使われるようなスタジアムや鉄道の新駅といった「大きな建築」ではなく、シェアハウスや屋台のような「小さな建築」「かわいい建築」じゃないと、話は面白くならないといった。

二一世紀を迎え、経済縮小の時代に生きる東京は、それでも現実にあらがうような大きな建築ばかりに頼ってきた。ゼロ年代以降、東京はぴかぴかの超高層ビルやタワーマンションで埋め尽くされた。「グローバリズム」が体現する効率、功利、金銭至上の流れに、そうやって乗り続けてきたのだ。

しかし、それで私たちが感じる時代の閉塞や、先行きへの不安が軽くなったかといえば、そんなことはなかった。むしろ、都市がぴかぴかになればなるほど、孤独や疎外感を抱く場面は増したといえる。効率性ばかりが優先されることは、社会的にも、建築的にも、まずいのではないか。そんな怖れと反発は膨らんでいったが、ただ東京2020のお祭り騒ぎが始まった中で、それらを具体的に語り、伝えるのは難しいことでもあった。

今回、奇《く》しくもコロナ禍が、その漠然としていた「あぶない感じ」を、私たちの目の前に顕在化させた。世界拡大主義――グローバリズムとは、お金、モノとともに、病原体も盛大に移動させることだったのだ！

世界にダメージを与えた厄災だが、それは都市に対する洞察を深めるチャンスだったともいえる。

身近なことでいえば、テレワークが一気に進み、働き方の見直し機運とともに、「会合」の合理化が進んだ。そこにはいうまでもなくＩＴの貢献がある。現代の都市はヴァーチャルなテクノロジーの進化とともにある。

だからこそ、ますますフィジカルな「場」への希求は高まった。会合が合理化され、外出が制限された日々の中で、私が切望したのは、人と会うこと、おいしいものを食べに行くこと、旅に出かけることという、ひたすらに直接的な体験だった。無駄と思えた会議すら、あれはあれで人間同士のコミュニケーションとして懐かしかった。

私にとっては取材も、そのようなフィジカルな喜びである。木造の家と路地が残る東京を歩きながら、私は知人の話を思い出す。昭和時代に東京の下町で育った彼は、六畳一間に台所がついたアパートで、両親と姉の四人で暮らしていたが、狭いと思うことがなかったという。なぜなら、アパートから一歩外に出れば、庭代わりの公園、茶の間代わりの商店街、風呂場代わりの銭湯があり、どこに行っても遊び仲間がいて、顔見知りの大人が声をかけてくれたからだ。

オーギュメンテッドリアリティ（拡張現実）という装置を付けなくても、人はそうやって、頭と手足を外部に拡張し、人と人との関係をつなげて生きてきた。自分の足でまちを歩き、その中で楽しみを発見し、心身の健康を保ってきた。

祝祭をいったん喪失し、行き過ぎた効率の追求にブレーキがかかった今、身の回りにある小さい幸せを見直す気持ちは、より強まった。この機運はこの先も続いていくだろう。それは東京が変わる、この上もなく大事なきっかけだ。

私たちが本当に必要としていたのは、縮小の時代を支える、新しくて、ヒューマンな物語だった。東京は、その物語を支えるプラットフォームとして存在している。そのプラットフォームを未来に持続させていくものが、本書で隈さんと語った、小さくて、かわいい建築なのだ。

本書の刊行にあたり、取材にこころよくご協力をくださったみなさまに、心より感謝を申し上げます。『新・ムラ論ＴＯＫＹＯ』に続いて、今回も集英社新書編集部の千葉直樹さんと、校閲諸氏のお力に支えられました。尽きぬお礼を申し上げます。

参考文献

隈研吾・清野由美『新・都市論TOKYO』集英社新書、二〇〇八年
隈研吾・清野由美『新・ムラ論TOKYO』集英社新書、二〇一一年
隈 研吾『小さな建築』岩波新書、二〇一三年
ジャック・アタリ／林 昌宏訳『21世紀の歴史 未来の人類から見た世界』作品社、二〇〇八年
司馬遼太郎『土地と日本人――〈対談集〉』中公文庫、一九八〇年
オルテガ・イ・ガセット／神吉敬三訳『大衆の反逆』ちくま学芸文庫、一九九五年
倉方俊輔編『吉祥寺ハモニカ横丁のつくり方』彰国社、二〇一六年
東浦亮典『私鉄3・0 沿線人気NO・1 東急電鉄の戦略的ブランディング』ワニブックスPLUS新書、二〇一八年
ニーアル・ファーガソン／柴田裕之訳『スクエア・アンド・タワー（上巻） ネットワークが創り変えた世界』『同下巻 権力と革命 500年の興亡史』、東洋経済新報社、二〇一九年
仲 暁子『ミレニアル起業家の新モノづくり論』光文社新書、二〇一七年

隈 研吾（くま けんご）

一九五四年生まれ。建築家。東京大学特別教授。『ひとの住処』『建築家、走る』『点・線・面』など著書多数。清野由美との共著に『新・都市論TOKYO』『新・ムラ論TOKYO』（ともに集英社新書）。

清野由美（きよの ゆみ）

一九六〇年生まれ。ジャーナリスト。慶應義塾大学大学院SDM（システムデザイン・マネジメント）研究科修士課程修了。英ケンブリッジ大学客員研究員。著書に『住む場所を選べば、生き方が変わる』など。

集英社新書一〇二八B

変《か》われ！ 東京《とうきょう》 自由《じゆう》で、ゆるくて、閉《と》じない都市《とし》

二〇二〇年七月二二日 第一刷発行

著者……隈《くま》 研吾《けんご》／清野《きよの》由美《ゆみ》

発行者……茨木政彦

発行所……株式会社集英社

東京都千代田区一ツ橋二-五-一〇 郵便番号一〇一-八〇五〇

電話 〇三-三二三〇-六三九一（編集部）
〇三-三二三〇-六〇八〇（読者係）
〇三-三二三〇-六三九三（販売部）書店専用

装幀……原 研哉

印刷所……凸版印刷株式会社

製本所……加藤製本株式会社

定価はカバーに表示してあります。

 ISBN 978-4-08-721128-3 C0236 Printed in Japan

a pilot of wisdom

a pilot of wisdom

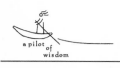